羊奶酪
生产与鉴赏

Goat and Sheep Cheese
Making Practice

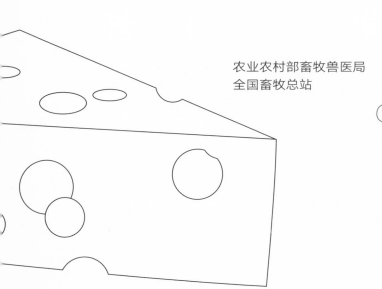

农业农村部畜牧兽医局
全国畜牧总站

中国农业出版社
北 京

图书在版编目（CIP）数据

羊奶酪生产与鉴赏 / 农业农村部畜牧兽医局，全国
畜牧总站编． -- 北京 ： 中国农业出版社，2022.1
　ISBN 978-7-109-29098-3

　Ⅰ．①羊… Ⅱ．①农… ②全… Ⅲ．①羊奶－奶酪－
食品加工②羊奶－奶酪－品鉴 Ⅳ．①TS252.53

中国版本图书馆CIP数据核字(2022)第005646号

羊奶酪生产与鉴赏
YANGNAILAO SHENGCHAN　YU JIANSHANG

中国农业出版社出版
地址：北京市朝阳区麦子店街18号楼
邮编：100125
责任编辑：周锦玉
责任校对：吴丽婷
责任印刷：王宏
印刷：北京中科印刷有限公司
版次：2022年1月第1版
印次：2022年1月北京第1次印刷
发行：新华书店北京发行所
开本：880mm×1230mm　1/32
印张：9
字数：265千字
定价：98.00元

编委会

编写人员

主　　编　张书义　卫　琳　　闫奎友　李竞前

副 主 编　祝庆科　黄萌萌　赵　华　　范云琳　徐　杨　刘　瑶
　　　　　　薛泽冰　田　蕊

参　　编　孙永健　王亚威　　王鹏飞　粘嘉珍　何　丽　何晓涛
　　　　　　郝欣雨　周希梅　张雅惠　李红烨　曹　烨　周锦玉
　　　　　　张　娜　陈　兵　田双喜　王　睦　赵俊金　徐　丽
　　　　　　宋秀瑜　张宇阳　叶　勖　侯翔宇　谢　悦　孙志华
　　　　　　何　洋　陈联奇　李　姣　董晶莹　孙兰欣　周鑫宇
　　　　　　宋　真　陆　健　杨冬云　许海涛　王　笛　商润阳
　　　　　　黄　昕　李　超　贡蓄民　李　昕　李芳娥　林　莉
　　　　　　张宇鹏　任　潜　孙千惠　赵宏宇　刘　昭　韩灵峰
　　　　　　杨浩然　王斐然　叶　丰　张　超　黄京平　杨清峰
　　　　　　徐道元　董晓霞　封　斌　吕中旺　马晓明　郭永来
　　　　　　杨　波　焦其昌　艾兴文　汪海霞　党会阳　夏建民

主　　审　郭明若　罗　军

奶业是关系国计民生的战略性产业，乳制品是城乡居民日常消费的必需品。党中央国务院高度重视奶业发展，"十三五"期间，我国奶业深化供给侧结构性改革，加快形成现代奶业发展的政策体系、标准体系和统计体系，不断推动奶业高质量发展，揭开了奶业振兴新篇章。

羊奶业发展历史悠久，是全球奶业的重要组成部分。长期以来，羊乳一直是我国的第二大奶类。由于羊乳营养十分丰富，富含多种维生素和矿物质，钙、磷含量与比例较理想，易消化吸收，特别适宜老年人、婴幼儿、青少年、孕妇等特殊人群食用。羊乳作为牛乳不耐受的替代品，以及低过敏性食物已被广泛认知，深受越来越多消费者的青睐。

我国以山羊乳为代表的特种乳资源丰富，区域特色鲜明。但与发达国家相比，我国羊乳生产加工水平亟待提高，尤其是奶中极品"奶黄金"——奶酪的研发工作严重滞后，市场上羊乳制品与牛乳制品的同质化程度非常高，难以满足人民群众差异化、个性化和特色化不断升级的高品质乳制品消费需求，成为制约羊奶业发展和消费增长的突出短板。

为深入贯彻新发展理念，推动"十四五"时期奶业高质量发展，遵循国务院办公厅奶业振兴意见，着力提升我国奶业整体素质，加快乳制品结构调整，指导羊乳企业积极开展"奶黄金"中羊奶酪产品的研发，引导我国羊奶业走特色化、差异化的发展道路，农业农村部畜牧兽医局、全国畜牧总站、中国农业出版社等单位组织编纂了这本羊奶酪生产指导书。

本书紧紧围绕羊奶酪加工技术，从奶羊与羊乳生产管理到羊乳理化性质和营养特性介绍，从羊奶酪典型加工制作到工厂设计与设备配置等，全面阐述了山羊奶酪、绵羊奶酪和羊乳清奶酪的制作方法；同时，结合我国国情针对羊奶酪研发与市场开拓提出建议，特别是向业界首次揭示了菜蓟属植物酶制作羊奶酪的核心技术；还推介了 20 余种世界羊奶酪，方便读者鉴赏和了解食用方法。

全书共分六章和四项技术附录，内容丰富，图文并茂，具有较强的针对性、科学性和实用性，可供全国奶业和羊乳主产省管理部门与技术推广单位，以及奶羊养殖、羊乳加工、新产品研发等从业者参考，可作为科研单位和大专院校动物科学与食品科学等专业的教材，也适于作为奶业公益科普宣传及奶农发展乳制品加工技术培训用书。

书中瑕疵和疏漏之处在所难免，敬请读者不吝指正。

编　者

2021 年 9 月

第六章
世界羊奶酪鉴赏·························· 225

注释索引

羊奶酪
生产与鉴赏

Goat and Sheep Cheese
Making Practice

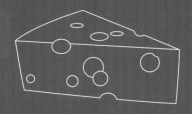

—

第一章
羊奶业与羊奶酪

Goat and Sheep Cheese
Making Practice

（一）产业概况

1. 世界羊奶业

（1）总体概况

　　2018 年，全世界奶山羊存栏 21 588 万只，山羊乳总产量 2 035.8 万 t；奶绵羊存栏 24 857.9 万只，绵羊乳总产量 1 022.5 万 t。全球山羊乳、绵羊乳的总产量位于牛乳、水牛乳之后，居世界第三位和第四位。山羊乳和绵羊乳产量合计约为世界牛乳产量的 6.05%。与牛乳相比，虽然全球羊乳总产量占比很小，但是，羊奶业是世界奶业不可或缺的重要组成。在地理和气候条件不适宜饲养奶牛的许多国家和地区，羊乳是特别重要的乳源性营养食物。

　　印度是全球山羊乳产量最大的国家，2018 年的山羊乳产量 609.9 万 t，其次是孟加拉国 270.0 万 t、苏丹 115.1 万 t、中国 100 万 t、巴基斯坦 91.5 万 t、法国 64.8 万 t。全世界近 80% 绵羊乳产于亚洲和欧洲，主要集中在地中海沿岸、西亚等地区。土耳其是世界绵羊乳生产大国，2018 年的绵羊乳产量 144.63 万 t，其次是希腊 85.17 万 t、西班牙 56.64 万 t、叙利亚 56.37 万 t、意大利 48.51 万 t。

　　世界各地奶山羊和奶绵羊所处的地理环境差异很大，欧洲主要分布在灌木饲草繁茂的山谷和丘陵，而亚洲和非洲大多分布在干旱或半干旱地区，生产水平差距较大。地中海地区和一些西北欧国家，山羊乳和绵羊乳主要用于

…

欧洲市场各类
绵羊奶酪

…

美洲市场各类
山羊奶酪

生产奶酪。美国羊乳主产区在威斯康星州，该州奶山羊存栏 7.2 万只，羊乳主要用于生产羊奶酪和羊乳清粉。亚洲和非洲部分地区的国家用羊乳加工液体乳制品或乳粉的情况比较多。

（2）小农奶业经济

奶绵羊和奶山羊被全球认为是"小农的牛""贫民的奶牛"。在一些丘陵、沙漠戈壁、陡峭山地、干旱地域等不适合饲养奶牛的地方，饲养奶绵羊、奶山羊始终是小农畜牧与奶业经济发展的主要形态之一，是重要的经济收入来源。除部分规模养殖外，相当数量的养殖主体都是家庭牧场。

...
中国甘南美仁草原佐盖多玛乡藏族牧民道吉仁青一家四世同堂，以放牧为主，生活富足。左图为她正在用传统方法自制酥油和酸奶，右图为她家放牧的 200 多只绵羊和 100 多头牦牛

山羊乳、绵羊乳生产的乳制品很多，包括液体乳、发酵乳、羊乳奶油、冰激凌等，以及浓缩干燥或提纯的其他羊乳制品。总体看，全球绵羊乳价格高于山羊乳，而山羊乳价格高于牛乳，绵羊乳及其乳制品的平均价格是山羊乳的 1.5～2.0 倍、牛乳的 3～4 倍。无论是毛、皮、肉综合利用，还是用羊乳制作奶酪等乳制品，羊乳对促进世界各国特别是发展中国家的经济发展，以及人们营养膳食结构改善，都发挥着极其重要的作用。

随着土地工业开发加剧、规模农业生产扩大以及农产品市场竞争日趋激烈，欧洲、美洲等地越来越多的奶羊养殖者和牧场主自发联合组织起来，成立小农奶业经济合作组织，统一技术标准，坚持生产绿色环保、独具特色的传统羊奶酪，申请注册产地保护，参与国际贸易，实现了养殖、加工、销售一体化、产业化小农奶业经济良性发展模式。这对引导支持奶农发展乳制品加工，培育壮大奶农专业合作组织，密切养殖加工利益联结具有借鉴作用。

近些年，在中东地区乃至亚洲、南美洲和非洲的许多发展中国家，奶山羊的经济地位日益受到重视，同时随着山羊乳营养价值被逐渐认知与普及，消费山羊乳产品已成为一些特殊群体和广大健康美食爱好者的钟爱，在有些地区甚至成为一种流行消费时尚，促进了山羊奶业的发展。

2. 中国羊奶业

（1）总体概况

羊奶业是中国奶业的重要组成部分。中国羊奶业多年来一直是以奶山羊为主。奶山羊养殖主要集中在陕西省，其次是云南、山东、河南等省。其中，陕西省尤以渭南、宝鸡、咸阳、西安等地为主，区域特点鲜明。

据不完全统计，2018 年，中国生产商品奶的奶山羊存栏 500 万只左右，全年用于乳制品的商品奶产量 100 万 t 左右。全国羊乳加工企业 40 个左右，主要生产巴氏杀菌乳、羊酸乳等。其中，婴幼儿配方羊乳粉生产企业 20 多家。长期以来，中国羊奶产品结构简单，山羊乳制品种类不多，而且与牛乳制品的同质化度非常高，缺乏自身特色。近年，陕西红星美羚乳业股份有限公司已开始批量生产脱盐羊乳清粉和原料型山羊奶酪，但国内其他羊乳企业尚无羊奶酪产品。

...

陕西红星美羚乳业股份有限公司
生产的原料型山羊奶酪

...

陕西红星美羚乳业股份有限公司
羊奶酪生产现场

中国绵羊品种资源十分丰富，被列入 2011 版《中国畜禽遗传资源·羊志》的绵羊品种有 70 多个。实际生产中，全国各地对绵羊进行挤奶，生产可出售的商品奶，再加工成乳制品的情况并不多。藏系绵羊（Tibetan sheep）为中国著名粗毛绵羊品种之一，肉毛兼用。每年 6 月母羊产羔后，藏北一些地区牧民习惯挤一部分羊奶自家饮用或做成酥油和酸奶自食。

中国藏系绵羊

　　藏系绵羊是长期生活在中国青藏高原的古老物种，分布广、存量大、品类多，肉毛兼用，是中国西藏畜牧业主体畜种之一，分为高原型、山谷型、三江型等三种类型，其中包括岗巴绵羊、阿旺绵羊、多玛绵羊、霍巴绵羊等，是中国宝贵的绵羊地方品种优质资源。

...

中国藏系绵羊群

进入 21 世纪，内蒙古、甘肃等地先后引入世界著名奶绵羊——东弗里生羊（East Frierian sheep）优良种质资源，开展良种繁育和扩群，培育发展乳肉兼用绵羊。但总体看，中国奶绵羊的群体量仍然很小，还不具备一定规模商品奶生产。

奶绵羊引进与扩繁

2005 年，内蒙古鄂尔多斯市家畜改良站利用前期引进的 145 只纯种东弗里生羊，采用超数排卵和同期发情技术，以乌珠穆沁羊为受体，成功实现东弗里生羊胚胎移植，产羔率 82%，标志着乳用绵羊快速扩繁技术迈出坚实一步。

2017 年，甘肃元生农牧科技有限公司投资建设绵羊生态牧场，与西北农林科技大学开展奶绵羊繁育技术合作，从澳大利亚引进东弗里生羊胚胎 500 多枚，以湖羊为受体开展胚胎移植。目前该公司奶绵羊存栏 13 000 多只，采用机械化挤奶，建成绵羊乳生产基地。

...

甘肃元生农牧科技
有限公司东弗里生羊群

（2）区域特色经济

　　奶山羊适应性强，以食草及灌木枝叶为主，具有耐粗饲、易饲养、繁殖快等优势，特色鲜明，适宜农村和城镇郊区发展，特别是对偏远贫穷地区的经济促进作用不容忽视，与我国农村经济关系十分密切，是小农经济形态在畜牧养殖业的典型代表之一。与国外奶山羊养殖相似，无论何时，中国一些地区始终存在小农户饲养奶山羊，是许多"牧羊人家"赖以生计的重要方式。奶山羊养殖投资少、收益大，但目前全国奶山羊存栏中进行商品奶开发利用的还不足一半，因此具有很大的发展潜力。

...

陕西富平张向阳家庭牧场饲养的关中奶山羊

2018 年，国务院办公厅印发《关于推进奶业振兴保障乳品质量安全的意见》，明确提出积极发展奶山羊等其他奶畜生产，进一步丰富奶源结构，优化乳制品产品结构。加快奶山羊养殖产业转型升级，充分利用羊乳资源研发生产特色化、差异化和多样化的羊奶酪等产品，是中国羊奶业发展必由之路。积极引导羊奶业实现一二三产业协调发展，加快开发羊奶酪特色产品，丰富羊乳产品种类，扩大对羊乳奶源的需求，推动奶山羊向商品奶生产转型，拉动羊奶业稳定健康发展，对进一步促进农村产业结构调整，加快乡村振兴具有重要意义。

...

陕西和氏乳业集团公司萨能奶山羊

（二）奶羊养殖与羊乳生产

1. 奶羊品种

（1）国外品种

——奶山羊

目前，全世界有 50 多种奶山羊，约占山羊品种的 10%。主要品种有萨能奶山羊（Saanen Dairy goat）、吐根堡山羊（Toggenburg goat）、努比亚山羊（Nubian goat）、阿尔卑斯山羊（Alpine goat）、盎格鲁·努比亚山羊（Anglo Nubian goat），以及美国拉曼查（La Mancha）山羊、法国普瓦文（Poitevine）山羊、西班牙的安达卢西亚白（Blanca Andaluza）山羊、穆尔恰诺·格兰迪纳格（Murciano Granadina）山羊和佛罗里达（Florida）山羊等。瑞典、意大利等国家还有许多地方奶山羊改良品种。

1 普瓦文奶山羊
2 安达卢西亚白山羊
3 穆尔恰诺·格兰迪纳格山羊
4 佛罗里达山羊
5 瑞典地方品种斯堪的纳维亚（Scandinavian）奶山羊
6 意大利地方品种维尔扎斯卡（Verzasca）奶山羊

1	2
3	4
5	6

萨能奶山羊，原产于瑞士伯尔尼州西南萨能山谷，是世界著名的奶用山羊品种，具有乳用家畜特有的楔形体型，对生态环境有良好的适应性，宜进行纯种繁育或导入杂交，也可为杂交亲本进行羊肉生产。经产母羊多为双羔或多羔，产羔率170%～220%。一个泌乳期产奶量600～1 200kg，乳脂肪3.20%～4.00%，乳蛋白质3.00%。

吐根堡山羊，原产于瑞士圣加仑州吐根堡山谷，是培育较早的乳用山羊品种，具有产奶量高、适应能力强等特点，被广泛引入世界许多国家进行纯繁或对当地品种进行改良。被毛为深浅不一的褐色，随年龄增长而变浅，颜面两侧各有一条灰白色条纹。母羊产羔率平均170%以上。一个泌乳期产奶量约900kg，平均乳脂肪4.20%，乳蛋白质3.30%。

...

萨能奶山羊

...

吐根堡山羊

阿尔卑斯山羊，是以法国地方山羊与瑞士奶山羊杂交育成，饲养量占法国奶山羊总量 70% 以上，而且已被引入意大利、美国、摩洛哥、科摩罗群岛及中非等国家，对世界奶山羊发展起到重要作用。适应山区生态条件和炎热气候，体格较大，毛色不一，平均产羔率 200%。一个泌乳期产奶量 800kg 左右，平均乳脂肪 3.40%，乳蛋白质 2.68%。

努比亚山羊，原产于非洲东北部的埃及、苏丹及邻近埃塞俄比亚、利比亚等地区，又名"努比山羊"。属乳肉兼用型山羊品种，毛色较杂，但多为棕红色，耳长下垂，体型高大，性情温驯，耐热性能好，但极不适应寒冷和潮湿环境。母羊繁殖力高，年产 2 胎，平均产羔率 200% 以上。一个泌乳期产奶量 300～800kg，乳脂肪 4.00%～7.00%，乳蛋白质 3.00%～5.25%。与其他山羊不同的是，努比亚山羊乳的膻味不明显。

...

阿尔卑斯山羊

...

努比亚山羊

1 挤奶中的拉科讷羊
2 萨尔达羊
3 利可米沙纳羊
4 伊图里贝兹亚羊
5 曼切加羊
6 玛奈克羊

1	2
3	4
5	6

——奶绵羊

奶绵羊，即产奶绵羊。全球已知绵羊品种近1 300个，其中奶绵羊品种数量说法不一，但可能会少于奶山羊品种数，有40多种。至今世界对奶绵羊品种还没有统一的标准。总体看，奶绵羊基本属于乳肉兼用型。按年产乳性能大体分为四个等级，即优级品种（300kg以上）、高产品种（200～300kg）、中产品种（100～200kg）和低产品种（100kg以下）。

目前，世界主要奶绵羊品种有原产德国东弗里生羊、以色列阿华西（Awassi）羊与阿萨夫（Assaf）羊、法国拉科讷（Lacaune）羊与科西嘉（Corsica）羊及改良的伊图里贝兹亚（Iturribeltzea）羊、意大利萨尔达（Sarda）羊与利可米沙纳（Comisana）羊、西班牙曼切加（Manchega）羊、改良的匈牙利美利奴（Merino）羊、改良的罗马尼亚玛奈克（Manech）羊等。许多国家引进东弗里生羊或阿华西羊等良种奶绵羊，用于改良本土的绵羊，形成新品系，提升羔羊成活率和绵羊乳产量。

东弗里生羊，原产于荷兰和德国西北部，属早熟乳肉兼用型，是世界绵羊中产奶性能极佳品种，被誉为"绵羊界的荷斯坦"。一般情况下，东弗里生羊成年母羊260d、300d的产奶量分别为500kg、810kg，有报道称最高

...

挤奶中的东弗里生羊

产奶记录达 1 498kg。乳总固形物平均为 17.0%，乳脂肪 6.00%~6.50%。公、母羊均无角，被毛白色，偶有黑色个体。体格较大，体躯宽长，腰部结实，肋骨拱圆，臀部略倾斜。乳房结构优良，乳头发育良好。成年母羊体重 70~90kg，平均产羔率 215%。

（2）国内品种

自近代以来，中国羊奶业的主要羊品种一直是奶山羊，几乎都含有萨能奶山羊的血统。中华人民共和国成立后，中国陕西、云南、山东、河南、四川、浙江、山西、黑龙江等地，先后通过引进萨能奶山羊、吐根堡山羊、阿尔卑斯山羊、努比亚山羊等良种，不断改良本地山羊，进行血液更新和横交固定，提升奶山羊泌乳生产水平。

截至目前，中国奶山羊主要品种有关中奶山羊（Guanzhong Dairy goat）、西农萨能奶山羊（Xinong Saanen goat）、崂山奶山羊（Laoshan Dairy goat）、文登奶山羊（Wendeng Dairy goat）、雅安奶山羊（Ya'an Dairy goat）等。其中，关中奶山羊群量比较大。

——关中奶山羊

关中奶山羊是利用萨能奶山羊与陕西关中地区山羊杂交选育而成。原产地为陕西省关中地区，主要分布在渭南、宝鸡、咸阳、西安等地。体质结实，乳用特征明显，具有头、颈、躯干、四肢长的"四长"特点。四肢结实，肢势端正，蹄质结实，呈蜡黄色。毛短色白，皮肤粉红色，部分羊耳、鼻、唇及乳房有大小不等的黑斑。体重成年公羊（66.45±20.35）kg，成年母羊（56.49±9.89）kg。

母羊乳房大，多呈圆形，质地柔软，乳头大小适中。一般饲养条件下，关中奶山羊 300d 的产奶量分别为一胎 651.80kg、二胎 703.70kg、三胎

...

关中奶山羊

735.50kg、四胎以上 690.95kg。乳脂肪 4.21%。放牧加补饲条件下，8～10 月龄羯羊屠宰率 46%。母羊初情期在 4～5 月龄，发情配种季节多集中于 9－11 月份，平均产羔率 184%。

——西农萨能奶山羊

西农萨能奶山羊原产于西北农学院（今西北农林科技大学）萨能奶山羊种羊场，系 20 世纪 30 年代从加拿大引入萨能奶山羊，经长期纯种繁育和选择培育而成的奶山羊品种。1985 年，定名为"西农萨能奶山羊"。呈现"头长、颈长、体长、腿长"四大外貌特征，具有适应性强、耐粗饲、泌乳性能好、遗传性稳定和改良土种羊效果显著等品种特性，闻名全国。

体质结实，楔形体型明显，体格高大、细致紧凑。头长，面直，耳长直立，眼大灵活。被毛粗短，为白色或淡黄色。皮肤薄，呈粉红色。母羊乳房基部宽广，向前延伸，向后突出，质地柔软，乳头大小适中，泌乳期一般为 300d 左右，个体产奶量 600～1 200kg，最高个体产奶量达 3 080kg，乳脂肪 3.80%。平均产羔率 200%，利用年限 10 年左右。

——崂山奶山羊

崂山奶山羊主要是由德系萨能奶山羊与本地羊杂交，经长期选育而培育成的乳用山羊品种，具有乳用特征明显、遗传性稳定、适于半放牧半舍饲等

...

西农萨能奶山羊

...

崂山奶山羊

优异品种特性。原产地为山东省胶东半岛，分布于青岛市、烟台市、威海市，以及山东潍坊、临沂、枣庄等地。

体质结实，结构紧凑匀称。公、母羊大多无角，头长眼大，额宽鼻直，耳薄而长，向前外方伸展。胸宽背直，肋骨开张良好。后躯发育良好，尻略下斜，四肢健壮。母羊外貌清秀，腹大而不垂。乳房附着良好，基部宽广，上方下圆，质地柔软，发育良好，皮薄有弹性，乳头大小适中。被毛白色，毛细短。成年羊鼻、耳、乳房皮肤上有大小不等的黑斑。

崂山奶山羊体重，成年公羊 (76.44±5.48) kg，成年母羊 (45.24±7.20) kg。平

均泌乳期为240d，第一胎、第二胎、第三胎平均产奶量分别为 (361.65±40.18) kg、(483.21±42.33) kg和 (613.84±52.29) kg。乳总固形物含量为 (12.03±1.03) %、乳脂肪 (3.73±0.67) %、乳蛋白质 (2.89±0.27) %、乳糖 (4.53±0.20) %。崂山奶山羊性成熟早，母羊3～4月龄开始发情，发情旺季集中在9—10月，产羔率170%～190%。

——文登奶山羊

文登奶山羊原产于山东省文登市（今文登区）峰山一带，系由19世纪末引进英系萨能奶山羊与当地山羊杂交，又于1979年引入西农萨能奶山羊杂交改良和定向选育而成为国家审定新品种。目前主要分布于威海市的荣成、乳

...

文登奶山羊

乳山及其邻近区县。属乳肉兼用型，但乳用特征明显，体格较大，产奶量高，遗传性稳定。

全身被毛白色，皮肤呈粉红色。与关中奶山羊一样，母羊也具有"四长"特征，多数颈下有肉垂，背腰结合好，乳房呈方圆，乳静脉明显。羔羊一般4～6月龄性成熟。母羊繁殖力高，平均产羔率为202%，个体产奶量平均820kg。

...

云南羊羊好农牧发展有限公司的阿尔卑斯杂交羊（左）和
吐根堡山羊杂交羊（右）

2. 生产管理

（1）饲养管理

——奶山羊饲喂要点

①泌乳初期：即指产后20d左右。母羊产羔后常感饥饿，食欲较好，但体质弱，消化机能差。同时，生殖器官尚未复原，乳腺及循环系统还未恢复正常。产后1周内，饮用麸皮水，饲喂优质干草并酌情给予少量精料；1周后，逐渐增加青贮饲料或青绿多汁饲料，2周后恢复到正常精料量。

青绿多汁的饲料和精饲料都有催乳作用。应据母羊的体况、乳房膨胀度、食欲及粪便等情况确定适宜供给量，切不可操之过急。因为给得过早或过多，乳量上升较快，将妨碍体况及生殖、泌乳等器官的如期恢复，易患消化不良，影响泌乳。

...

陕西红星美羚乳业股份
有限公司奶山羊养殖基地

②泌乳高峰期：该时期奶山羊的营养需求旺盛，应供给充足营养，保证草料质量，精心喂养。观察并选好催乳时机，及时加料，增加产乳量。所谓催乳是指在正常饲料标准的基础上增加预支饲料，诱导母羊增加泌乳量。要注意准确把握催乳时机，如果羊体质好，食欲旺盛，消化力强，可早催；反之则适当推迟。

具体做法是从产后20d起，在原给精料量的基础上，每日增加混合精料50g，如果乳量上升，就继续增加；当精料增至一定程度，乳量不再上升时，即停止加料并将此时给量维持5~7d，再根据产乳量、乳脂肪含量、体重和食欲等，按泌乳羊饲养标准供给。日粮中应含有15%~17%的纤维素，每天均衡地喂给干草，以保持羊瘤胃中的酸碱度稳定，减少消化代谢病。

③泌乳稳定期：即指产后120~210d。此期产乳量逐渐一降，但采食量增大，羊只开始恢复在泌乳高峰时所失去的体重。要尽可能使产乳高峰保持较长的时间，尽量避免饲料、饲养方法和管理程序的改变，保持相对稳定。

④泌乳后期：即指产后210d至干奶。受发情与妊娠的影响，此期产奶量显著下降。为减缓奶量下降速度，应在乳量出现下降后减少精料。

——奶绵羊饲喂要点

奶绵羊的日常饲喂与管理与奶山羊基本相似。一般情况下，饲喂羔绵羊和泌乳绵羊可参照表1-1、表1-2各项营养浓度指标要求进行日粮供给。

表1-1 奶绵羊每日营养需要推荐值

项目	体重50kg		体重70kg	
	维持需要	哺乳2羔	维持需要	哺乳2羔
干物质采食量（DMI）/kg	1.0	2.4	1.2	2.8
干物质采食量占体重的百分比/%	2.0	4.8	1.7	4.0

项目	体重50kg		体重70kg	
	维持需要	哺乳2羔	维持需要	哺乳2羔
能量				
TDN/kg	0.55	1.56	0.66	1.82
消耗能/MJ	10.0	28.8	12.1	33.4
代谢能/MJ	8.4	23.4	10.0	27.6
粗蛋白/g	95	389	113	420
钙/g	2.0	10.5	2.5	11.0
磷/g	1.8	7.3	2.4	8.1

表 1-2　泌乳绵羊（体重 60kg）每日营养需求推荐值

项目	奶量1kg	奶量3kg
干物质采食量（DMI）/kg	1.3	2.8
能量/MJ	15.6	32.2
粗蛋白/g	146	297

——其他日常管理要点

①依据《中华人民共和国动物防疫法》等法规要求，贯彻落实疫病预防控制措施。

②重点预防控制羊痢疾、大肠杆菌病、链球菌病、羔羊痢疾的发生。

③抓好日常羊舍内卫生与疫病预防工作，包括但不限于以下几方面：

  a）每年定期采血，做好布鲁氏菌病、结核病监测工作。

  b）疾病防疫工作，每年 2 次，时间为春季 3 月份、秋季 10 月份。

  c）每年驱虫 2 次，时间为春季 5 月份、秋季 9 月份。

④抓好保胎配种工作。

（2）挤奶管理

——挤奶机类型

奶羊挤奶设备按装置形式大致分为提桶式、移动式、管道式和厅式四种类型。

①提桶式挤奶设备：该设备系通过挤奶杯组在真空下将奶挤出，并直接吸入奶桶里。提桶式挤奶设备适用于小规模分散养殖户。

②移动式挤奶设备：该设备是将真空、脉动、挤奶等系统装置集中放置在移动小车上，设备操作便捷、安全。移动式挤奶设备主要用于放牧形式的牧场。

③管道式挤奶设备：该设备挤下的奶直接进入输奶管，再进入加工车间冷却、贮存，能保证奶的卫生和新鲜度。管道式挤奶设备适用于中型羊场。近些年，陕西、山东等地许多奶山羊养殖场户已使用装配制冷系统的移动式挤奶机。

④厅式挤奶设备：该设备的真空系统和挤奶装置均设在专用挤奶间内，奶羊分批进入挤奶，挤下的奶由管道收集并入罐贮存。厅式挤奶设备适用于集约化养殖场。厅式挤奶设备分为垂排式、斜排式和转盘式等。

...
挤奶中的阿尔卑斯山羊
（垂排式）

...
陕西和氏乳业集团有限公司
(102 位) 转盘式自动挤奶机

...
挤奶中的萨能奶山羊
（斜排式）

——挤奶操作规范

①手工挤奶：手工挤奶仅适于患病的个体羊只，而生产商品乳不用手工挤奶。揉擦乳房后开始挤奶，最初挤出的几滴奶废弃不要。手工挤奶方法有拳握式（压榨法）和滑挤式（滑榨法）两种形式。拳握式操作方法为先用拇指和食指握紧乳头基部，以防乳汁倒流，然后其他手指依次向手心紧握，压榨乳头，把奶挤出。

滑挤式适用于乳头短小的羊，系用拇指和食指指尖捏住乳头，由上向下滑动，将乳汁挣出。挤奶时两手同时握住两乳头，一挤一松，交替进行。动作要轻巧、敏捷、准确，用力均匀，使羊感到轻松。挤奶速度控制在 80~120 次/min。一般每天挤奶 2~3 次为宜。

②机械挤奶：羊只进入挤奶台后，冲洗并擦干乳房，检查乳汁，戴好挤奶杯并开始挤奶（擦洗后的 1min 内），按摩乳房并给集乳器上施加一些张力，使乳房收缩。当奶流停止时，应轻巧而迅速地取掉乳杯，然后用消毒液浸泡乳头并放出挤完奶的羊只。最后清洗挤奶器具和挤奶操作间。

无论是提桶式挤奶机还是管道式挤奶机，其脉动频率一般为 60~80 次/min，节拍比 60:40，挤压节拍占时较少，真空管道压力为 (280~380)×133.3Pa（280~380mmHg）。一般奶山羊每天挤奶 2 次；而日产奶量约 5kg 的，每天宜 3 次挤奶；日产奶量 6~10kg 的，每天宜 4 次挤奶。每次的挤奶间隔应保持相同。

——贮存和运输

①羊乳贮存：鲜羊乳在制冷贮存过程中应保持搅拌（即开动搅拌机），通常制冷温度保持在 4~8℃，以保持羊乳营养成分与新鲜度。一般情况下，如要贮存 12h，鲜羊乳温度应为 6~8℃；贮存 24h，鲜羊乳温度应为 4~6℃。鲜羊乳的贮存时间越短越好，应尽快进行加工生产。

②羊乳运输：保证车况正常，以免运输过程抛锚。奶罐要保持清洁，用

热碱水冲洗内壁，再用洁净卫生的清水冲洗干净。夏季一定要做到罐内无奶液残留、无奶垢。鲜羊乳在运输过程中，夏季要防止罐内乳温度升高，冬季要防止罐内羊乳结冰。同时，要预防与避免罐内的羊乳发生剧烈振荡，影响质量。

3. 羊乳质量

高品质羊奶酪与羊乳质量密不可分。用于生产羊奶酪的羊乳原料，无论是山羊乳，还是绵羊乳，应符合以下几个基本条件：一是无任何肉眼可见的杂质；二是具有正常的鲜羊乳味道和气味；三是羊乳酸度与刚挤出时的酸度基本一致；四是经一定时间陈化能实现自身的酸化；五是不含抗生素，奶酪发酵剂能在乳中正常生长；六是不含防腐剂、清洁剂等外源性污染物；七是没有内在或外来污染的病原微生物。

（1）感官要求

我国对于羊乳有严格的质量安全标准要求。按照《食品安全国家标准生乳》（GB 19301—2010）标准要求，色泽方面应呈乳白色或微黄色，滋（气）味方面具有乳固有的香味且无异味，组织状态呈均匀一致液体，无凝块，无沉淀，无正常视力可见异物。检查方法是取适量试样置于 50mL 烧杯内，于自然光下观察色泽及组织状态；闻其气味；用温开水漱口，品尝滋味。

（2）理化指标

我国食品安全国家标准对羊乳理化指标的规定，见表 1-3。

表 1-3　羊乳理化指标要求（GB 19301—2010）

项目	指标	检测方法
冰点/（℃）*	$-0.560 \sim -0.500$	《食品安全国家标准　生乳冰点的测定》（GB 5413.38）
相对密度/（20℃/4℃）≥	1.027	《食品安全国家标准　生乳相对密度的测定》（GB 5413.33）
乳蛋白质/（g, 每100g中）≥	2.8	《食品安全国家标准　食品中蛋白质的测定》（GB 5009.5）
乳脂肪/（g, 每100g中）≥	3.1	《食品安全国家标准　婴幼儿食品和乳品中脂肪的测定》（GB 5413.3）
杂质度/mg/kg≤	4.0	《食品安全国家标准　乳和乳制品杂质度的测定》（GB 5413.30）
非脂乳固体/（g, 每100g中）≥	8.1	《食品安全国家标准　乳和乳制品中非脂乳固体的测定》（GB 5413.39）
酸度/°T	6～13	《食品安全国家标准　乳和乳制品酸度的测定》（GB 5413.34）

* 挤出3h后检测。

（3）安全指标

　　GB 19301 要求羊乳的污染物限量应符合《食品安全国家标准　食品中污染物限量》（GB 2762）的规定；真菌毒素限量应符合《食品安全国家标准　食品中真菌毒素限量》（GB 2761）的规定；农药残留量应符合《食品安全国家标准　食品中农药最大残留限量》（GB 2763）及国家有关规定及其公告；兽药残留量应符合国家有关规定及其公告。羊乳的微生物限量应符合表 1-4 的要求。

表 1-4　羊乳微生物限量

项　目	限量/CFU/g(mL)	检测方法
菌落总数　≤	2×10^6	《食品安全国家标准　食品微生物学检验　菌落总数测定》（GB 4789.2）

（三）羊乳营养与特性

随着现代生物科学技术发展，山羊乳、绵羊乳、牛乳与人乳的营养成分、生物功能及生理作用等研究取得了一定进展。这四种乳主要营养成分的平均值见表1-5。

山羊乳、绵羊乳越来越多的相似性与特异性被人们认知。山羊乳、绵羊乳的成分受饲料、繁殖、胎次、泌乳阶段、品种、环境条件、不同季节、地域位置以及饲养条件影响而发生一定范围的浮动变化。

表1-5 山羊乳、绵羊乳、牛乳和人乳主要营养成分

营养成分	山羊乳	绵羊乳	牛乳*	人乳
总固形物/%	12.20	18.60	12.30	12.02
乳蛋白质/%	3.50	5.74	3.30	1.20
乳脂肪/%	3.80	7.38	3.85	3.50
乳糖/%	4.10	4.62	4.60	6.90
矿物质/%	0.80	0.92	0.70	0.30
每100g乳中含钙/mg	134.00	1 930.00	169.00	60.00
每100g乳中含铁/mg	0.07	0.80	4.00	5.00
每100g乳中含磷/mg	121.00	1 580.00	94.00	40.00

* 荷斯坦牛乳。

1. 山羊乳

总体看，山羊乳具有自身显著特性。山羊乳比牛乳含有更多的乳脂肪、乳蛋白质和矿物质，但乳糖含量少。山羊乳、牛乳与人乳蛋白质及酶含量见表1-6。

表1-6 山羊乳、牛乳与人乳中酪蛋白、次要蛋白质及酶含量

乳蛋白质	山羊乳	牛乳	人乳
乳蛋白质/%	3.5	3.3	1.2
总酪蛋白/（g，每100mL中）	2.11	2.70	0.40
α_{s1}-酪蛋白（占总酪蛋白的百分比）/%	5.6	38.0	—
α_{s2}-酪蛋白（占总酪蛋白的百分比）/%	19.2	12.0	—
β-酪蛋白（占总酪蛋白的百分比）/%	54.8	36.0	60~70.0
κ-酪蛋白（占总酪蛋白的百分比）/%	20.4	14.0	7.0
乳清蛋白（白蛋白和球蛋白）/%	0.6	0.6	0.7
非蛋白氮/%	0.4	0.2	0.5
乳铁蛋白/μg/mL	20~200	20~200	<2000
转铁蛋白/μg/mL	20~200	20~200	<50
催乳素/μg/mL	44	50	40~160
叶酸结合蛋白/μg/mL	12	8	—
免疫球蛋白			
IgA（乳）/μg/L	30~80	140	1 000
IgA（初乳）/mg/L	0.9~2.4	3.9	17.35
IgM（乳）/μg/L	10~40	50	100
IgM（初乳）/mg/L	1.6~5.2	4.2	1.59
IgG（乳）/μg/L	100~400	590	40
IgG（初乳）/mg/L	50~60	47.6	0.43
溶菌酶/μg/mL	25	10~35	4~40

乳蛋白质	山羊乳	牛乳	人乳
核糖核酸酶/μg/mL	425	1 000~2 000	10~20
黄嘌呤氧化酶/μL O₂/（h·mL）*	19~113	120	—

*以每毫升乳在 1h 内所消耗氧气的量（μL），来表达活性黄嘌呤氧化酶的量。

（1）乳蛋白质与非蛋白氮

山羊乳的酪蛋白在酸化过程中，容易形成较软易碎的凝乳块，很容易被胃蛋白酶消化。山羊乳与牛乳的总酪蛋白含量分别是 2.11g/mL 和 2.70g/mL，但二者总酪蛋白的各自组成差异很大。山羊乳中的 β-酪蛋白占其总酪蛋白的54.80%（α-酪蛋白占 24.8%），是山羊乳中的主要酪蛋白组分，而牛乳 β-酪蛋白占自身总酪蛋白的 36%，这点山羊乳与人乳比较相似，β-酪蛋白是山羊乳和人乳中最为丰富的蛋白质。α_{s1}-酪蛋白为牛乳的主要蛋白质，而人乳的 α_{s1}-酪蛋白含量较少。

山羊乳与牛乳的 β-乳球蛋白含量接近。但山羊乳 β-乳球蛋白与 α-乳白蛋白的比例，要高于牛乳中的二者比例（表1-7）。同时，非蛋白氮（NPN）和磷酸盐含量较高，使得山羊乳具有一定缓冲能力，对溃疡等有一定辅助治疗作用。

表1-7 山羊乳与牛乳主要蛋白质组成（%）

（引自《特种乳技术手册》，2010 年）

蛋白质	山羊乳	牛乳
总酪蛋白	2.14~3.18	2.28~3.27
α_s-酪蛋白	0.34~1.12	0.99~1.56
β-酪蛋白	1.15~2.12	0.61~1.41
κ-酪蛋白	0.42~0.59	0.27~0.61
总乳清蛋白	0.37~0.70	0.88~1.04

蛋白质	山羊乳	牛乳
β-乳球蛋白	0.18~0.28	0.23~0.49
α-乳白蛋白	0.06~0.11	0.08~0.12
血清白蛋白	0.01~0.11	0.02~0.04

（2）乳脂肪与矿物质

与牛乳、水牛乳相比，山羊乳的乳脂肪球直径比较小，平均为 3.5μm，较小的脂肪球使得山羊乳中的脂肪能够更好地均匀分散，为脂肪酶提供更大的表面积，有利于提高脂肪消化率，因此"自然均质"的山羊乳更容易消化吸收。山羊体内转换胡萝卜素的能力较强，乳脂肪中几乎以 100% 维生素 A 的形式存在，因此山羊乳的脂肪球呈白色，乳颜色也发白。

山羊乳含有较高的钙、磷、钾、镁、氯，而钠和硫含量比牛乳低。由于钙和磷含量比牛乳高，因此，热稳定性差。山羊乳与人乳一样富含硒。含硒量每 100g 山羊乳中为 1.33μg/100g ，每 100g 人乳中为 1.52μg。同时，山羊乳含有一定量的牛磺酸，约为 47.7mg/L，对于羔羊早期发育具有重要生理作用，羊乳中牛磺酸的含量会随泌乳期的进程而逐渐下降。

（3）挥发性物质

山羊乳具有山羊特有的膻味，与其脂肪酸组成尤其是游离挥发性脂肪酸有关。山羊乳含有较多的短链游离脂肪酸（$C_4 \sim C_{10}$），甲酸、丁酸、己酸、异戊酸、辛酸及癸酸等挥发性游离脂肪酸远高于牛乳，并与微量的酮、醛以及含硫化合物等共同形成一种复合性的气味。此外，母羊群中如有公山羊也能诱发母羊身体产生这一类膻味，导致羊泌乳时使山羊乳染有膻味。相比较，努比亚山羊乳几乎没有膻味。

（4）山羊乳的低过敏性

山羊乳具有低过敏性。全世界关于羊奶过敏原的报道案例很少。截至目前，将山羊乳及其制品作为低过敏性食物，以及对牛乳过敏婴儿和成人群体的替代品在全世界范围得到广泛应用。对牛乳（β-乳球蛋白）过敏而对山羊乳没有反应的儿童，常常对牛奶酪也过敏，而对山羊奶酪不过敏。

2. 绵羊乳

（1）总固形物

绵羊乳的总固形物以及乳蛋白质、乳脂肪和矿物质含量均比牛乳高（表1-5）。正常生产情况下，绵羊奶酪成品得率较高，绵羊乳与绵羊奶酪的质量比约为10：2，而山羊乳和牛乳的约为10：1。由于绵羊乳的总固形物含量高于山羊乳，欧洲有些地区的羊奶酪生产者愿意饲养绵羊来生产更多的绵羊奶酪。同时，也不刻意追求母绵羊的单产水平，而是愿意选择饲养乳总固形物含量更高的绵羊品种。

（2）风味脂肪酸

虽然绵羊乳的膻味比山羊乳略弱一些，但绵羊乳脂肪含量比山羊乳和牛乳都高，而且绵羊乳脂肪中的功能性中链甘油三酯（$C_6 \sim C_{14}$）、单链不饱和脂肪酸，以及多聚不饱和脂肪酸的含量都比牛乳高很多，但受饲养方式以及饲料组成影响较大，其变化范围也较大。绵羊采食富含纤维的鲜嫩饲草，对生成绵羊乳中的短链挥发性脂肪酸非常重要，导致绵羊乳的风味物质丰富，

美国茹斯（Roth） 系列
风味山羊奶酪（蜂蜜味、蓝莓味、
咖喱味、原味）与橄榄、坚果、
树莓大拼盘

由此可知，自由放牧绵羊所产的鲜乳适合制作风味别致的奶酪，这是不同地域的绵羊奶酪具有特定风味的主要原因。

（3）氨基酸与微量元素

绵羊乳的乳蛋白质含有 10 种必需氨基酸，包括精氨酸、组氨酸、异亮氨酸、亮氨酸、赖氨酸、蛋氨酸、苯丙氨酸、苏氨酸、色氨酸、缬氨酸，这点比牛乳优越。除叶酸外，绵羊乳含有多种维生素，如维生素 A、维生素 B_1、维生素 B_2、维生素 B_6、维生素 B_{12}、维生素 D、维生素 E、维生素 C 和泛酸等，以及丰富的矿物质如钙、磷、镁、锌等。其中，绵羊乳的钙、磷含量，远高于山羊乳、牛乳和人乳（表 1-5）。

（四）羊奶酪

1. 起源与发展

（1）古老遗存与文明

关于奶酪起源至今尚无定论。2014 年，考古学者在中国新疆罗布泊小河墓地发现了公元前 1615 年的奶酪实物，距今已 3 600 多年，这是迄今全球发现的最为古老的奶酪遗存，说明中国发明奶酪至早始于夏末商初，是中国西部民族一种非常古老的奶食。中国奶文化研究发现，关于"酪"的较早文字记载出自先秦《礼记·礼运》，记有"以亨（烹）以炙，以为醴（lǐ）酪"。这个"醴酪"出现的年代恰恰是种植业和畜牧业起源时期，考古学证明这个年代为距今 7 000～10 000 年的新石器时代，说明中国先民在神农氏（炎帝）上古时期已掌握了用动物乳汁酸化制作奶酪的技艺。由此可见，上古时期中国奶文化雏形就已形成，而且与奶酪密切相关。

中国秦汉时期古籍描述北方民族饮食习俗，常用"食肉饮酪""肉酪为粮"形容。西汉远嫁西域的刘细君公主，在乌孙（今新疆西部）生活期间创作的《黄鹄歌》记有"以肉为食兮酪为浆"，描述哈萨克族先民乌孙人喜食奶酪。南北朝贾思勰《齐民要术》卷六《作酪法》翔实地记载了奶酪制作方法。元代忽思慧《饮膳正要·兽品》记有"羊酪，治消渴，辅虚乏"，可见中国古

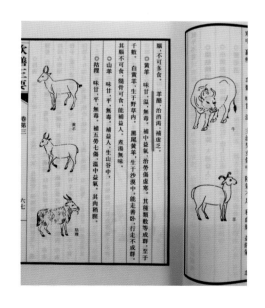

……

中国元代《饮膳正要·兽品》
记载羊奶酪

人对奶酪的认知。北宋时期的东京汴梁（今开封），有一家叫"乳酪张家"的知名食肆，因"烹乳酪之珍馐"而受市民追捧。凿凿考古发现佐证了中国古人围绕乳汁和奶酪的探索从未停止，不断满足民众营养需求，极大丰富了华夏饮食文化宝库，成为中华民族宝贵物质文化遗产。

（2）地域广阔品类多

山羊和绵羊的驯化时间比牛早 2 000～3 000 年，人类的第一款奶酪应该来自羊乳，羊奶酪出现时间比牛奶酪要早。有一种说法，约 1 万年前的旧石器时代末期，绵羊与山羊被驯养后不久，在东方内陆广袤地带，如中国的西部、伊拉克东南部、地中海沿岸、印度河流域等地的牧羊人，就已利用羊乳变酸而凝固的现象制成了简单而富有营养的食品——奶酪。总体看，正如人类许多发明一样，奶酪很可能也是在同一时代由不同部族发明的。

进入中世纪，遍布中亚、西亚与欧洲等地的各种宗教活动对农业及食品业产生了重要影响，由于许多斋戒日禁止信徒们吃肉，人们需要相当数量乳源蛋白质作为替代品，奶酪开始显得越来越重要。西亚、欧洲以及非洲部分地区的羊奶酪发展很快，遍及如今的土耳其、希腊、叙利亚、以色列、伊朗和西班牙、意大利、法国等所处的广阔区域，沿袭至今。

部分国家山羊奶酪称谓

全球看，山羊奶酪没有为了区别牛奶酪而设置专属特定名称。法国生产的所有山羊奶酪都统称为歇布（chèvre）奶酪，也译成"契福瑞奶酪"，但也有用山羊乳与牛乳或绵羊乳或两者混合生产的。一些国家也都生产歇布奶酪。在法国，chevret 和 chertotin 等词也代表山羊奶酪。在意大利，formaggio dicapra 是指山羊奶酪。在一些德语国家，ziegenkase 或 gaiskasli 即指山羊奶酪。在德国和瑞士等，gaiskasli 则是指用山羊乳制作的一类软质奶酪。

...

法国新鲜软质的歇布（Chèvre）奶酪

...

希腊菲达（Feta）奶酪

第一章
羊奶业与羊奶酪

从全球看，世界大多数的山羊奶酪都属于软质奶酪，未经成熟或成熟时间不超过 1 个月的居多。法国山羊奶酪的品种繁多，有些山羊奶酪为表面成熟型如克劳汀·德·沙维翁（Crottin de Chavignol）奶酪等。希腊菲达（Feta）奶酪历史悠久，早期的这种奶酪仅以绵羊乳为原料。纵观世界绵羊奶酪，大多数都属于硬质型、半硬质型，如西班牙曼彻格（Manchego）奶酪、意大利佩科里诺·罗马诺（Pecorino Romano）奶酪等。

...

美式绵羊奶酪居家配菜

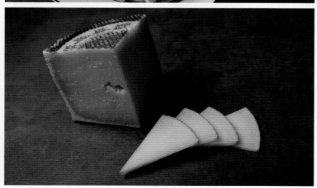

...

绵羊乳制作的
西班牙曼彻格奶酪

2. 生产现状

2018 年，全球羊奶酪产量 129 万 t，占世界奶酪总量的 5.49%。其中，绵羊奶酪 72.6 万 t，山羊奶酪 56.41 万 t，分别占 3.09% 和 2.40%。山羊奶酪产量最多国家依次是南苏丹、法国、苏丹、西班牙和希腊，而绵羊奶酪产量最多国家依次是希腊、意大利、西班牙和叙利亚。

（1）山羊奶酪

2018 年，南苏丹山羊奶酪产量达到 11.22 万 t，占全球山羊奶酪产量 19.89%，超过法国，居世界第一；法国是 9.96 万 t，占 17.66%；苏丹 9.13 万 t，占 16.19%；西班牙 4.69 万 t，占 8.31%；希腊 4.12 万 t，占 7.30%。

地中海地区和西欧等地的山羊乳主要用于生产奶酪。有的也用山羊乳或山羊乳与绵羊乳的混合乳制作，目的是通过原料脂肪酸组成不同，赋予羊奶

意大利米兰超市品种繁多的山羊奶酪

第一章
羊奶业与羊奶酪

酪独特风味，也有的是沿袭传统生产习惯，奶山羊与奶绵羊一起放牧，挤奶后混合收集一并加工。由于山羊转换胡萝卜素的能力较强，在不添加天然色素前提下，纯山羊乳制成的奶酪颜色都发白。为获得特殊风味，一些传统山羊奶酪是用泌乳早期的山羊乳来生产。成熟的山羊奶酪有辛辣气味。

山羊乳的凝乳团比较松软且易散，聚集凝结速度慢，因此，进行缓慢凝固控制和加入发酵剂是山羊奶酪的主要生产形式，而且在凝乳切割、过滤和排除乳清的过程中需非常小心谨慎，这方面与制作绵羊奶酪有很大不同。同绵羊奶酪和牛乳奶酪相比，一般山羊奶酪的体积规格相对都要小一些。

一般山羊奶酪都具有较高的水分含量。法国的瓦朗赛（Valencay）奶酪、圣莫尔都兰奶酪（Sainte Maure）等一些山羊奶酪表面上还覆盖一层灰色的木炭粉末，既能够中和酸味，也能使奶酪表面变得干燥，但不影响浓郁的奶香味，随成熟时间推进，木炭粉末会逐步变黑。

...

瓦朗赛（Valencay）奶酪

全球山羊奶酪大多为软质类型，约有 1/3 的山羊奶酪还加入各种天然植物香料，增强风味，丰富品种。如添加薄荷、龙嵩、迷迭香、香菜、小茴香、胡椒、孜然及水果泥等，有的直接混入凝乳团中，有的涂抹在奶酪表面。

...

分别加入迷迭香、薄荷与黑胡椒，
呈现不同特色风味的几种山羊奶酪

...

英国德莱米尔乳品公司（Delemere Dairy）香草味山羊奶酪果蔬蜂蜜点心小拼盘

...

美国 EMMI ROTH 公司
系列风味山羊奶酪

（2）绵羊奶酪

　　从全球看，绵羊乳的深加工产品一直是以绵羊奶酪为主，绵羊乳直接用来制作绵羊奶酪的情况也比较多。2018年，希腊的绵羊奶酪产量达到14.3万t，占全球绵羊奶酪产量19.70%；其次是意大利8.8万t，占12.12%；西班牙和叙利亚7.9万t，各占10.88%。

…

意大利米兰超市各式各样绵羊奶酪

欧洲等地许多传统绵羊奶酪，其绵羊乳不进行巴氏杀菌，而且不同区域特色明显，风味独具一格，产品附加值高。但针对出口的绵羊奶酪，其原料绵羊乳都要经过巴氏杀菌处理。由于生产习惯沿袭，葡萄牙、西班牙、塞浦路斯等国家，在一些偏远的高原、山地和峡谷地带，许多以放牧为主的牧羊人一直采用人工方式挤奶尤其是对绵羊挤奶，用来制作当地传统奶酪。绵羊奶酪大多为含水分较少的硬质或半硬质奶酪。

...

法国奥绍·伊拉蒂（Ossau Iraty）奶酪

第一章
羊奶业与羊奶酪

...

由山羊乳、绵羊乳、牛乳混合制成的
西班牙大加那利岛（Gran Canaria）奶酪

（3）羊奶酪原料乳规定

一些国家允许用山羊乳、绵羊乳，或与少量牛乳及水牛乳混合来生产羊奶酪。除受原产地保护的羊奶酪要使用专一羊乳外，西班牙、塞浦路斯、法国和希腊等准许用山羊乳与绵羊乳的混合乳来生产羊奶酪，包括混合少量的牛乳。例如，需2年以上成熟的西班牙大加那利岛（Gran Canaria）奶酪、法国圣马瑟林（Saint Marcellin）奶酪等。美国联邦法规禁止用混合乳来生产绵羊奶酪，必须以绵羊乳为唯一原料乳。法国规定属AOP产品洛克福（Roquefort）奶酪的原料必须是绵羊乳，若掺入其他乳则被认定违法。

3. 产品种类

羊奶酪制作被世界誉为"家庭手工业"。全球以农户家庭饲养奶山羊和奶绵羊的情况比较多，受地域资源、饲养习惯、羊的品种、生产方式、传统手法、制作规模等因素影响，世界羊奶酪品种呈现多样性和复杂性，产品种类要比牛奶酪多得多，是所有乳制品中比较特殊的一种。

与牛奶酪一样，至今全世界没有统一的羊奶酪品种分类标准。美国农业部公布山羊奶酪400多个。全球羊奶酪既有以纯山羊乳为原料的，也有以纯绵羊乳为原料的，还用山羊乳与绵羊乳、牛乳等的混合乳来制作的。

（1）原料分类

由于时常将山羊乳与绵羊乳混合用作生产原料，因此，很难采用某种分类方法把所有羊奶酪进行准确归类。当山羊乳、绵羊乳混合使用制作羊奶酪时，大致分类办法是按两种羊乳的搭配占比情况，即51%～70%与49%～30%，以其中占主要原料的羊乳为品种归类的依据，称为山羊奶酪或绵羊奶酪。

...
山羊乳制作的
卡门贝尔（Camembert）奶酪

（2）硬度分类

　　软质奶酪，是指水分含量为 55%～80% 的奶酪，如用羊乳制成的法国卡门贝尔（Camembert）奶酪等。半软质奶酪，指水分含量为 42%～55% 的奶酪，如法国沙比舒（Chabichou）奶酪和洛克福（Roquefort）奶酪等。半硬质奶酪，指水分含量为 45%～50% 的奶酪，如希腊卡赛里（Kaseri）奶酪等。

...

绵羊乳制作的
意大利佩科里诺（Pecorino）奶酪

...
绵羊乳制作的
洛克福（Roquefort）奶酪

...
绵羊乳制作的意大利卡内斯特拉多·普列亚斯
（Canestrato Pugliese）奶酪

　　硬质奶酪，指水分含量为 35%～45% 的
奶酪，如西班牙曼彻格奶酪等。特硬质奶酪，
指水分含量为 25%～35% 的奶酪，如意大利
佩科里诺(Pecorino)奶酪和卡内斯特拉多·普
列亚斯（Canestrato Pugliese）奶酪等。

第一章
羊奶业与羊奶酪

（3）成熟分类

　　新鲜奶酪，指无需成熟或仅成熟几天，有的轻微压榨或加霉菌发酵剂，还有的直接装入容器中，如菲达（Feta）奶酪等；压榨成熟奶酪，指奶酪成熟前经适度压榨，一般成熟2~28个月，如西班牙曼彻格（Manchego）奶酪和巴尔德翁（Valdeon）奶酪等；未压榨成熟奶酪，指该种奶酪凝乳块需要切碎，自然沥干，排除乳清，依靠内部细菌发酵剂进行慢慢成熟，有的在表面再涂撒霉菌液加快成熟，如用羊乳制成的布里（Brie）奶酪、卡门贝尔（Camembert）奶酪等。

...

手工制作的菲达（Feta）奶酪

...

切块零售的曼彻格（Manchego）奶酪

...

巴尔德翁 (Valdeon) 奶酪

...

山羊乳制成的布里（Brie）奶酪

羊奶酪
生产与鉴赏

Goat and Sheep Cheese
Making Practice

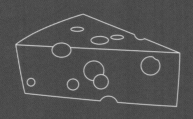

第二章
羊奶酪生产制造

*Goat and Sheep Cheese
Making Practice*

（一）生产技术

1. 制作工艺

（1）山羊奶酪

    传统手工山羊奶酪的生产，概括起来大致有 8 个基本步骤，主要包括山羊乳过滤、预酸化（或无）、凝固（凝乳与排乳清）、凝乳入模具（排乳清或有翻转）、脱模、盐化（涂抹或盐浸）、晾干、成熟（或不成熟）等。法国、

…

…

西班牙生产的圆柱形山羊奶酪

山羊乳与牛乳混合制成的
西班牙伯瑞勒斯（Cabrales）奶酪

第二章
羊奶酪生产制造

西班牙、希腊等生产的传统软质农家山羊奶酪大多采用这种方法。法国普瓦图·夏朗德（Poitou Charentes）和普瓦捷（Poitiers）等地的大型奶酪厂成规模地生产软质山羊奶酪出口世界各地。

　　许多国家软质山羊奶酪生产工艺基本相似，但由于山羊乳组分变化、制作方法差异、成熟时间不一、客户需求与食用习惯不同等，全球有各式各样软质山羊奶酪，如沙比舒（Chabichou）奶酪、伯瑞勒斯（Cabrales）奶酪、科西嘉（Fromage Corse）奶酪、巴侬（Banon）奶酪、克劳汀·德·歇布（Crottin de Chèvre）奶酪、佩罗什（Perroche）奶酪等。

...

山羊乳制成的法国巴侬（Banon）奶酪

...

山羊乳制成的西班牙拉加罗查（Garrotxa）奶酪

——半硬质与硬质山羊奶酪

半硬山羊奶酪与硬山羊奶酪品种很多，如瓦朗赛（Valencay）奶酪、特龙琼（Tronchon）奶酪、拉加罗查（Garrotxa）奶酪，以及用山羊乳制作的美国蒙特里杰克（Monterey Jack）奶酪、哥达（Gouda）奶酪与切达（Cheddar）奶酪等。

美国佐治亚州堡谷州立大学小反刍动物中心附属乳品厂，利用萨能奶山羊、努比亚山羊、阿尔卑斯山羊的混合乳，采用 62.8℃ 保持 30min 间歇式巴氏杀菌方法，生产蒙特里杰克（Monterey Jack）山羊奶酪。所用发酵剂和凝乳酶来自威斯康星密尔沃基汉森公司。

方法是每批奶酪生产用山羊混合乳 135～170L。先将羊乳输送至容积为227L 的凝乳罐中。温度控制在 31℃，添加直投式乳酸菌发酵剂和普通强度凝乳酶进行发酵和凝固。用间隙为 1.6cm 的水平与垂直金属丝刀同时旋转切割凝乳。切割凝乳时机的判定方法：用铲刀人工划切凝乳的表面，经 5min，其切缝如果已能再"愈合"，此刻切割最佳。

开始切割后，要使乳温从 31℃ 逐步升高至 39℃，确保此升温过程用时30min，并始终稳定控制在（39±1）℃。在此温下，再保持 45～60min，避免凝乳太软，然后排除约 2/3 的乳清后，向凝乳罐加入 31℃ 的水，洗涤罐中的凝乳块，使乳清与水的混合温度保持在 31℃，并在完全排净乳清之前，保证凝乳块在乳清中浸泡 5min。

将凝乳块分装入圆柱形模具（直径 15.24cm，高度 15.24cm），用垂直压酪机(压榨机)压榨并过夜。次日把奶酪脱模后，将奶酪切割成高度为 5.08cm的圆盘状，用塑料袋进行抽真空包装，置于 2～6℃ 冷藏条件下成熟 42d。

——家庭牧场制作硬质山羊奶酪

在保证奶山羊健康无疾病，符合挤奶卫生规范，且操作人员健康的条件下，以新鲜羊乳为原料，采用家庭牧场用手工方式完全可以制成美味的硬质山羊奶酪。其中，关键环节是确保尽可能地沥净乳清，保证凝乳块的硬度，一般采用传统的粗布过滤方法比较实用可行。

以简易手工制作为例，介绍硬质山羊奶酪具体制作步骤（表 2-1）。所用材料包括 5L 新鲜山羊乳、液体嗜中温发酵剂、干粉凝乳酶、天然 β 胡萝卜素、干燥的食盐粉，以及 0.1g 感量的电子天平、温度计、小刀、粗棉布、木质模具等。

...

表面带过滤布纹理的
英国传统硬质切达（Cheddar）山羊奶酪

表 2-1　手工制作硬质山羊奶酪步骤

时间	步骤
0.0h	【1】收集刚挤下的新鲜山羊乳（略带山羊体温最佳），以粗布过滤干净后，取5L羊乳倒入一洁净的方形金属盘。将活力良好的适量中温菌发酵剂（80～100mL）添加至已装5L羊乳的方形金属盘内，将金属盘置于可控温的电加热器上，加热羊乳至29～30℃，不停搅拌约45min（一般用30min即可）
0.30h	【2】把事先溶解于一小杯冷水中的0.5～0.7g干粉凝乳酶加入方形金属盘，充分搅拌5min。然后再加入少许天然β胡萝卜素搅匀。盖上盖，保温在29～30℃，保持静止约30min 注意：正常情况下，在此时间内，羊乳应该凝固，如未凝固则需再延长静止时间

时间	步骤
1.05h	【3】将凝乳切成0.95~1.27cm³的小方块。切法是用小刀从方形金属盘一侧开始，刀尖要插到底部。先是横向切成0.95~1.27cm的均匀小条，再纵向同同尺寸切割。接下来，将刀与水平面成45°角，切割成约2.54cm宽的小条。然后缓慢搅拌凝乳块约5min 注意：在此期间，如发现过大凝乳团，需把它们仔细切成一样大小的小块。确保凝乳团大小相同，以便加热时能达到相同硬度。这一点非常重要
1.15h	【4】开始缓慢加热，在20~30min内使温度升高到39℃，于39℃再保持15min，其间注意每隔5min轻轻搅拌一次。当凝乳块硬度能保持自身形状，确保不挤压凝乳块时，开始下一步骤的乳清浸泡 注意：此时每个凝乳块的大小，应与一粒小麦粒相仿，颜色类似炒鸡蛋的黄色
1.45h	【5】为使凝乳块（粒）变得更硬一些，要把方形金属盘从电加热器上拿走，停止加热，使凝乳块在乳清中保持浸泡30min，浸泡过程需轻轻搅拌3~4次
2.15h	【6】把凝乳块（粒）连同乳清一起倒进一内衬粗棉布的金属网兜里，彻底排走乳清，注意通过交替提高粗布的一端和另一端，使凝乳块（粒）在内滚动，排除乳清。盛一汤匙的食盐粉，分两次撒入布兜内，用手与布兜配合，使盐尽可能均匀分散于凝乳块（粒），再用手尽可能将渗出的乳清挤出，然后将凝乳块（粒）全部转入内衬棉布的模具中（模具形状自定），加盖并保持加压（压榨）状态，静止过夜
第2天	【7】第2天，解除加压装置，取掉棉布，置于室内阴凉处的洁净木板上（或草席垫），放置2~3d，使奶酪表面自然风干，每天翻转一次。然后，置于成熟库（温度4~14℃、湿度85%~88%）贮存，直至形成最佳风味口感，若忽略风味口感可即食。有条件的，可手工石蜡涂层或用食品级的塑料抽真空包装

（2）绵羊奶酪

从生产工艺看，绵羊奶酪加工方法与山羊乳大体一致，并无大的区别。但由于绵羊乳的自身特性，制作奶酪时呈现独有特点。在绵羊乳、山羊乳相同重量前提下，由于绵羊乳的乳脂肪、乳蛋白质和总固形物含量要比山羊乳高，绵羊奶酪成品得率较高。另外，绵羊乳含有较高浓度的溶解钙，没必要像羊乳那样添加氯化钙。

...

意大利奶酪工匠正在切割凝固的绵羊乳，
制作佩科里诺·托斯卡诺（Pecorino Toscano）奶酪

第二章
羊奶酪生产制造

...

涂抹食盐的意大利卡西奥塔·乌比诺
（Casciotta d'Urbino）奶酪

绵羊乳中 β- 酪蛋白与 α_s- 酪蛋白的比例要比牛乳中的高，因此，绵羊乳对凝乳酶非常敏感，在相同凝固时间内，绵羊乳所需要的凝乳酶数量较少，但是其脱水的速度相对慢一些，原因是绵羊乳的酪蛋白和胶状钙含量较高。当绵羊乳 pH 从 6.65 降至 6.16 时，凝乳时间由 17min 减至 7min。食盐在绵羊凝块乳中的扩散速度较慢，许多传统绵羊奶酪在饱和盐水中浸泡时间都比较长，一些硬质绵羊奶酪表面涂盐次数也较多。

...

烙烫印标的意大利佩科里诺·西西里诺
（Pecorino Siciliano）奶酪

　　绵羊乳的矿物质含量高，其缓冲能力比牛乳强。凝乳时，凝乳块的表面因脂肪和乳清的流失而形成一层"外皮"，即致密的酪蛋白胶团层，在凝乳稍微发硬时开始切割，凝乳不会迅速愈合而成粒状，较小的凝乳粒很容易失去更多的脂肪和乳清，进而形成更低水分的凝乳块，因此，绵羊乳用于生产硬质奶酪的情况比较多。典型生产工艺参见本书第二章"生产范例"部分内容。

2. 发酵剂

　　用来使奶酪发酵与成熟的特定微生物培养物，统称为奶酪发酵剂。奶酪发酵剂是生产奶酪不可或缺的重要辅料之一。人类早期的奶酪是依靠乳的自然酸化形成凝乳来制作的，是借助乳中的一些天然细菌发酵产酸。

　　大多数奶酪生产都要使用发酵剂，主要包括乳酸菌、丙酸菌、霉菌及酵母等。目的是通过发酵使乳中的乳糖转化为乳酸，降低乳的 pH，促进凝乳的生成，抑制可能存在的有害微生物生长，确保奶酪成熟期内产生期望的风味与质地以及保质期内的稳定品质。

...

电子显微镜放大 5 000 倍，可见凝乳中的保加利亚乳杆菌、嗜热链球菌及酪蛋白胶束凝聚团状物。左侧呈弯曲棒状的为保加利亚乳杆菌，右侧呈花生状的为嗜热链球菌

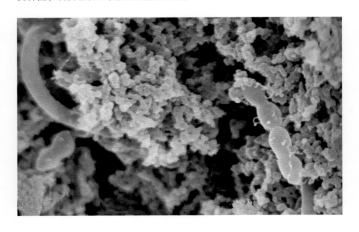

乳酸菌

乳酸菌，通常是对能够发酵碳水化合物产生大量乳酸的一类细菌的习惯称谓，并不是严格意义上的细菌分类学术语。因此，乳酸菌所涉及的属种比较多，有43个属、373个种和亚种。乳酸菌分布广泛，来源丰富，因对人和家畜有益而被广泛应用，如生产发酵乳制品，作为功能性食品配料和食品添加剂、膳食补充剂及饲料微生态制剂等。

按照微生物种类，可将奶酪发酵剂分为细菌发酵剂、真菌发酵剂。按照发酵剂的作用，又可将其分为主发酵剂、次级发酵剂。对发酵与成熟都起作用的称为主发酵剂；仅在后期成熟阶段起作用的称为次级发酵剂。

（1）主发酵剂

在奶酪制作开始就添加到乳中的这一类发酵剂，即主发酵剂。常见的菌株主要有嗜热链球菌（*S. thermophilus*）、保加利亚乳杆菌（*L. bulgaricus*）、干酪乳杆菌（*L. casei*），以及常用在羊奶酪的乳酸乳球菌乳酸亚种（*Lactococcus lactis* subsp. *lactis*，简称乳酸亚种）、乳酸乳球菌乳脂亚种（*Lactococcus lactis* subsp. *cremoris*，简称乳脂亚种）、乳酸乳球菌双乙酰亚种（*Lactococcus lactis* subsp. *diacetylicum*，简称双乙酰亚种）、肠膜明串珠菌乳脂亚种（*Leuconostoc mesenteroides* subsp. *cremoris*，简称乳脂明串珠菌）等。

主发酵剂分为中温菌发酵剂(mesophilic culture)和嗜热菌发酵剂(thermophilic culture)两类，两者发酵温度不同。中温菌发酵剂是最为常见的奶酪发酵剂，用于绝大部分奶酪，其最适发酵温度为20～30℃，同时，生

三种风味菲达（Feta）奶酪
（中间为原味）

布里（Brie）奶酪

产过程中的温度要精准控制在39～40℃。使用中温菌的羊奶酪有菲达（Feta）奶酪、布里（Brie）奶酪、羊乳制成的卡门贝尔（Camembert）奶酪以及青纹奶酪和一些新鲜软质奶酪等。

　　嗜热菌发酵剂则用于生产过程中有加热需求的奶酪，其发酵温度高于40℃，同时还能耐受加热到50～55℃的温度。其中嗜热链球菌（*Streptococcus thermophilus*）和德氏乳杆菌保加利亚亚种（*Lactobacillus delbrueckii* subsp. *bulgaricus*）通过共生作用，促进酸化与风味形成。意大利等许多欧洲国家的奶酪经常使用嗜热菌，包括马苏里拉（Mozzarella）奶酪、波萝伏洛（Provolone）奶酪、帕马森（Parmesan）奶酪、埃门塔尔（Emmentaler）奶酪等。

...

帕马森（Parmesan）奶酪

...

埃门塔尔（Emmentaler）奶酪

（2）次级发酵剂

严格讲，次级发酵剂的菌群常与特殊的奶酪品种有关，是由细菌［如嗜酸乳杆菌（*Lactobaccillus acidophilus*）、乳酸乳球菌乳脂亚种（*Lactococcus lactis* subsp.*cremoris*）等］、酵母［克鲁维酵母（Kluyveromyces）、德巴利酵母（Debaryomyces）等］、霉菌［白地霉（*Geotrichum candidum*）等］混合组成。次级发酵剂既可以是人为加入的特定培养物，也可以是由后期成熟环境（如窖藏、洞穴贮存发酵）带入奶酪中的外源性有益微生物。

霉菌常作为次级发酵剂，应用于霉菌成熟型羊奶酪生产过程中。成熟期间，它们会在奶酪内部或外层生长，使其具有不同色泽的特征性霉菌外壳或内芯纹路以及独特风味与质地。如娄地青霉（Penicillium roqueforti）生长于洛克福（Roquefort）奶酪、伯瑞勒斯（Cabrales）奶酪等青纹奶酪内部；沙门柏干酪青霉（Penicillium camemberti）则生长在卡门贝尔（Camembert）奶酪等表面上。

...

洛克福（Roquefort）奶酪

...

卡门贝尔（Camembert）奶酪

（3）商业发酵剂

随着现代科技发展，通过专门筛选和培育，如今已实现批量生产商业发酵剂。不同类型奶酪（硬质、半硬质、软质等）所使用的发酵剂有多种选择，能使奶酪风味、香气及质地变化多样。挑选发酵剂时，应结合商家技术指南综合考虑。

商业发酵剂主要包括直投式发酵剂和半直投式发酵剂两种形式。直投式发酵剂，是在使用前预先使用无菌水溶解菌种，直接投入乳中。半直投式发酵剂，是在使用前预先使用培养基活化菌种，再投入乳中使用。实际生产中，应用直投式发酵剂的情况比较多。下面介绍几种直投式商业发酵剂。

——CSL 羊奶酪发酵剂

意大利乳品研究中心（CSL，Centro Sperimentale Del Latte S.r.l.）将羊奶酪直投式发酵剂分为半硬质羊奶酪的 DOM 系列与硬质羊奶酪的 DEM 系列，借助多种菌株复配技术和良好的发酵酸度控制，以及高抗噬菌体技术

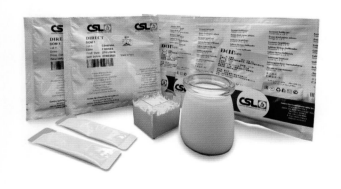

...

产自意大利的 CSL 羊乳系列发酵剂（北京多爱特生物科技有限公司供图）

特性，能满足不同羊奶酪的风味、硬度、弹性、气孔等方面的特定要求。

　　CSL 系列发酵剂可搭配使用增香菌种 CASEI1 系列、霉菌和酵母等表面成熟菌种系列，以及生物保鲜菌种 CIPLM 系列等，能促进形成预期的特征香气和质地，确保羊奶酪质量稳定。为预防噬菌体污染，CSL 专门开发研制配套的菌种轮换体系，每种羊奶酪的发酵剂拥有超过 4 个以上的轮换菌种，可保护羊奶酪生产中免受噬菌体污染风险。

——CHOOZIT® 奶酪发酵剂

　　IFF（International Flavors & Fragrances Ltd.，原杜邦营养与生物科技）提供的CHOOZIT®RA系列直投式奶酪发酵剂适用于口味温和的半硬质成熟型羊奶酪。该系列发酵剂是由乳酸乳球菌乳酸亚种、乳酸乳球菌乳脂亚种和嗜热链球菌组成，发酵速度较快。同时，配有CHOOZIT®RA21噬菌体轮换菌种。

　　CHOOZIT®Flav 系列奶酪发酵剂适宜硬质成熟型羊奶酪，主要以瑞士乳

...

产自法国的 Danisco 发酵剂
CHOOZIT® RA21

第二章
羊奶酪生产制造

杆菌、乳酸乳杆菌单一或复合菌种组成，除分解主发酵后残留的单糖之外，能分解酪蛋白胶束，产生短链肽和氨基酸，缩短奶酪成熟时间，增强风味。

CHOOZIT®FT系列奶酪发酵剂是由乳酸乳球菌乳酸亚种、乳酸乳球菌乳脂亚种、嗜热链球菌和保加利亚乳杆菌组成，发酵活力高，风味强，适宜发酵经过超滤处理的羊乳来制作羊奶酪，配有CHOOZIT®FT01等噬菌体轮换菌种。此外，IFF提供的霉菌菌种既有适宜白霉奶酪和青纹奶酪的，也有拌盐型与喷洒型的。

（4）国产乳酸菌菌种

2000年起，内蒙古农业大学乳品生物技术与工程教育部重点实验室（张和平科研团队）启动"寻菌之路"计划，采集牧民们自制的各种自然发酵奶酪、酸奶等乳制品，以及母乳、婴儿粪便等3 200多份样品，分离和鉴定天然乳酸

...

内蒙古农业大学张和平科研团队
在中国西北草原牧区采集天然乳酸菌菌株

菌菌株 2 万多株，涉及 10 个属、138 个种和亚种，建成亚洲较大的乳酸菌菌种资源库，开发具有自主知识产权的系列乳酸菌发酵剂。

经多年攻关，运用高通量筛选技术，以产酸、产黏、产香、后酸化、抗噬菌体等关键基因为靶点，从菌种资源库筛选出保加利亚乳杆菌 ND02、嗜热链球菌 ND03、乳酸乳球菌乳酸亚种 BL19 等优良菌株，可用于奶酪等生产。同时，建立中国人群肠道菌群益生乳酸菌精准筛选体系，筛选出干酪乳杆菌 Zhang（*Lactobacillus casei* Zhang）、乳双歧杆菌 V9（*Bifidobacterium lactis* V9）等适宜奶酪等发酵乳制品的菌种。

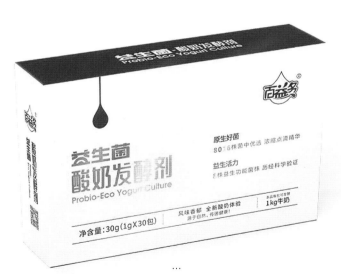

内蒙古农业大学乳品生物技术与工程教育部重点实验室研制生产的乳酸菌发酵剂

意大利佩科里诺·托斯卡诺
（Pecorino Toscano）
奶酪

3. 凝乳酶

凝乳酶（chymosin）对奶酪生产至关重要。早期人类偶然发现动物胃中某种成分可使乳凝固，这是人们认知凝乳酶的伊始。随着现代科学技术的发展，制作奶酪用的凝乳酶也取得了许多重大突破。按照凝乳酶的来源不同，通常把凝乳酶大致分为动物凝乳酶、植物凝乳酶、微生物凝乳酶和遗传工程凝乳酶。

（1）凝乳酶种类

——动物凝乳酶

通常，传统意义上动物凝乳酶是指从多胃反刍动物（犊牛、羔羊）的第四胃（皱胃）提取的可使乳凝固的酶制品——皱胃酶（rennet），也称天然动物酶，其主要成分是凝乳酶、胃蛋白酶（pepsin）等，这类酶都属于天冬氨酸肽酶（cyprosin）；此外，还包含少量的多肽、氨基酸、核苷、含氮碱基、脂肪酸和甘油等。

哺乳期犊牛皱胃中的凝乳酶比例最高可达 90% 以上。实际应用中，皱胃

...

羊乳加入凝乳酶静止一定时间
开始呈现凝固状态

酶中的凝乳酶比例一般为 50%～80%。凝乳酶能特异性水解 κ - 酪蛋白产生酪蛋白巨肽，从而形成凝乳，而胃蛋白酶的水解特性并不专一，它能同时水解含苯丙氨酸（Phe）、苏氨酸（Tyr）、亮氨酸（Leu）、缬氨酸（Val）的肽键。

猪的胃蛋白酶，要比小牛的胃蛋白酶更接近小牛皱胃酶，但由于稳定性差，受热易钝化，单用残留活性低，成熟中对蛋白质水解贡献很小，使奶酪成熟较慢，组织状态差。当猪胃蛋白酶与粗制的皱胃酶混合使用时，总体效果较好，可替代部分皱胃酶。

骆驼有 3 个胃（无瓣胃），骆驼胃的凝乳酶具有特殊的 κ - 酪蛋白水解活力，优于小牛皱胃酶，驼胃的凝乳酶制作奶酪时，非特异性降解蛋白损失少，奶酪的产出率高，且苦味少。制成复合凝乳酶制剂，可达到或超过小牛皱胃酶的凝乳效果。水牛胃的凝乳酶稳定性和活性与小牛皱胃酶截然不同，适合用水牛乳生产奶酪。

——植物凝乳酶

自然界许多植被都含有蛋白酶。从水果和植物中提取汁液作为凝乳酶曾经被专门研究，包括木瓜、菠萝、蓖麻籽油、无花果等蛋白酶。另外，常见树木中共有 40 多种酶有凝乳作用。但是，这些植物酶仅仅适合成熟需要几天时间的软质奶酪，而不适合长时间成熟硬质奶酪制作，原因是水解速度太快，容易过度水解蛋白质而产生苦味肽，风味不佳，凝乳效果不理想。

从番木瓜中提取的木瓜蛋白酶可以使牛乳和羊乳凝固，特点是蛋白质分解力强、脂肪损失少、收率较高，但是，制成的奶酪带有明显的苦味，很难推广应用，仅能用来生产新鲜奶酪、稀奶油奶酪以及经短期发酵软质奶酪，如细菌发酵成熟的一些手工奶酪和霉菌发酵成熟的卡门贝尔奶酪。

无花果蛋白酶存在于无花果的乳汁中，通过结晶分离可进行提取。用无花果蛋白酶制作半硬质奶酪时，凝乳与成熟效果较好，但是，由于它对蛋白质的分解力较强，脂肪损失多，奶酪成品得率低，产品有苦味。从全球看，上述植物酶只能应用于新鲜奶酪和部分软质奶酪。

截至目前，只有白花牛角瓜（*Calotropis procera* L.）、碎米芥（*Cardamine hirsuta* L.）、捕虫堇（*Pinguicula alpina* L.）、蓬子菜（*Galium verum* L.）及蓟属（*Cynara* L.）等植物酶被认为比较适合制作奶酪。其中，蓟属植物中的刺菜蓟和菜蓟非常适合生产以绵羊乳和山羊乳为原料的奶酪，国外应用的比较多。

近些年，我国云南等地开始种植一定数量的蓟属类植物，其中，洋蓟的产量比较大，因此，国内不乏蓟属植物来源，可就地取材应用于羊奶酪研制，对指导企业开展羊奶酪生产具有现实意义。有关蓟属植物酶将在本书第三章进行系统介绍。

——微生物凝乳酶

来源于动物的传统凝乳酶已不能满足生产需求。20 世纪 60 年代起，微生物来源的凝乳酶开始推行，其中最为成功的是对米黑毛霉（*Mucor miehei*）和微小毛霉（*Mucor pusillus*）凝乳酶的提取。由于其生产的奶酪成品得率较低，而且成熟风味不理想，且容易导致过度发酵，影响质地。随着基因工程技术发展，凝乳酶基因在微生物宿主中表达成为可能。

如今全球大多数凝乳酶是由微生物生产的，分为霉菌、细菌、担子菌三种来源。其中应用最多的是源于霉菌的凝乳酶。微生物凝乳酶生产周期短，产量大，受气候、地域等限制小，生产成本低，酶纯度高。同时，受到素食主义者青睐。应用广泛的还有米黑凝乳酶、微小毛霉凝乳酶和附生凝乳酶等。目前已有粉末凝乳酶制剂及霉菌型凝乳酶投入生产应用。

——遗传工程凝乳酶

随着基因遗传工程技术发展，向那些不产毒且非致病性细菌、酵母或丝状真菌等植入含有可产生凝乳酶前体 DNA 序列编码的质粒载体，再经发酵而生产凝乳酶，这一技术已成功应用于批量生产。这种微生物遗传工程凝乳酶大大缓解了传统动物凝乳酶供不应求的问题。以乳酸克鲁维酵母为表达载体的重组凝乳酶技术也已成功应用于商业生产。基因重组的微生物酶与天然皱胃酶几乎完全一致，对不同酪蛋白水解活力非常相似，在许多奶酪制造国家广泛使用。来自大肠杆菌、乳酸克鲁维酵母和黑曲霉的克隆凝乳酶也已被许多国家接受，如英国、瑞士、新西兰等。

通过克隆山羊凝乳酶原的 cDNA 在酵母中进行表达，使该 cDNA 编码的序列与其他动物基因编码生成的凝乳酶原具有高度相似性。重组的山羊凝乳酶表现出对 κ-酪蛋白的高度特异性，已被成功运用于山羊奶酪生产。克隆绵羊凝乳酶原的 cDNA 并在大肠杆菌中进行表达，其凝乳效果和成品品质与皱胃酶非常接近。重组 DNA 技术成功运用在小牛皱胃酶制造，使凝乳酶供应不足的问题得到了彻底解决。随着科学技术发展，蛋白质工程技术已用于提高凝乳酶的活力。

（2）凝乳机制

乳的凝聚和凝固，是依靠乳中酪蛋白的不稳定性，这是制作奶酪的前提。凝乳是奶酪等生产过程中非常重要而又复杂的过程。下面介绍凝乳酶的凝乳机制。

凝乳方法

广义讲，凝乳主要有四种方法。①酶法凝乳：是由于凝乳酶的作用，使 κ-酪蛋白变得不稳定，在钙离子作用下发生聚合；②酸法凝乳：是由于酸化而引起的凝乳。通常凝乳温度超过 60℃以上时，被认为属于酸凝固；③热诱导凝乳：主要发生在乳被高温加热的情况；④盐与热诱导共同作用的凝乳方法：如用于生产里科塔（Ricotta）奶酪等。

乳中酪蛋白大约90%是以微团状态存在，称酪蛋白胶束，分散于乳中构成酪蛋白胶体分散系。酪蛋白胶束中的 κ-酪蛋白以低聚物存在，约由6个分子组成，分布在胶束表面。多数 κ-酪蛋白分子的亲水 C-末端从胶束内部以柔韧"发层"伸向液相，具有相当的自由度，发层厚度约7nm。C-末端始于残基第86、96位某处，凝乳酶分解的苯丙氨酸与甲硫氨酸（Phe-Met）键位于残基的第105、106位。酪蛋白胶束表面的发层架构形成空间位阻，使胶束稳定存在于乳中。

酶凝固先从酪蛋白酶水解开始，凝乳酶对 κ-酪蛋白的作用点位于 κ-酪蛋白 N-末端第105位的苯丙氨酸与第106位的蛋氨酸的肽键结合处，因酶的作用而裂成两个片段，N-末端侧者称副 κ-酪蛋白，C-末端侧者称酪蛋白巨肽。前者疏水性高，不溶于水；后者亲水性高且含糖。

发生足够量的 κ-酪蛋白水解后，水解位点相互结合，副酪蛋白开始发生聚合，伴随线形链的形成，增加了乳的黏度和浊度。线形副酪蛋白链进一步相互交联，形成网状结构，液体介质充满网构间隙中，引发液胶-凝胶平移转变（Sol-Gel Translation），乳由黏性流体变成黏弹性固体。随着酪蛋白水解与结构重排，借助乳中自由钙离子形成了更多交联键与"钙桥"，凝块逐渐变得厚实。随着凝乳作用不断加剧，最终发生胶凝化凝固，胶体脱水收缩，乳清析出。

羊乳的酸凝固

当乳的pH为4.6（酪蛋白的等电点）、温度为20℃时，经沉淀得到的蛋白质即酪蛋白。与其他哺乳动物一样，羊乳的酪蛋白由 α_{s1}-酪蛋白、α_{s2}-酪蛋白、β-酪蛋白、κ-酪蛋白组成。酪蛋白属两性电解质，在乳中以酪蛋白酸钙与磷酸钙的复合体形态存在，对pH变化非常敏感，尤其是等电点高于其他酪蛋白的 β-酪蛋白。当pH降至等电点以下，钙离子、β-酪蛋白从胶束中释放，β-酪蛋白带正电荷，而其他酪蛋白带负电荷，引发蛋白质相互吸引，最终促成蛋白质凝固和沉淀。

乳的 pH、温度直接影响酶凝乳效果。其中，副酪蛋白聚合阶段对乳的温度很敏感，主要蛋白质的分解阶段发生在 pH5.20～5.80 时。在凝乳酶、主发酵剂、次级发酵剂的共同作用下，乳蛋白质被降解成肽类，对促进奶酪后期成熟极其关键，这些肽类被微生物进一步利用或降解，便产生特殊的风味和滋味。

家庭自制羊奶酪

　　利用羊乳的酸凝固原理，居家即可自行制作新鲜羊奶酪，简单易行。取 1kg 安全卫生的新鲜羊乳倒入容器内，以文火加热，待容器边缘处的羊乳开始冒小泡时，即关火停止加热，然后分 2 次加入用 1 个新鲜柠檬刚刚榨制好的鲜柠檬汁，一边加入柠檬汁，一边轻轻搅动羊乳，然后保持静止。待形成白色絮状沉淀物且乳清变得清澈时，全部倒入两层纱布兜进行过滤，用手攥挤纱布兜，排净乳清，以碗盛过滤物并用汤匙摊平压实，置于冰箱内冷藏 2～3h，即得新鲜羊奶酪。可直接食用，也可按个人口味加入绿薄荷或迷迭香等食用。

（3）商业凝乳酶

从全球奶酪制造业看，商业凝乳酶应用越来越广泛。商业凝乳酶通常分成液体、膏状和粉状三种形式。使用时，应按照羊奶酪预期质地、风味特征等，结合商家技术说明与产品特点，准确甄选类型、试用试制与定型。

——Clerici 凝乳酶

北京多爱特生物科技有限公司提供的意大利克莱里奇公司（Caglificio Clerici S.p.A.）凝乳酶，按照来源不同分为山羊凝乳酶、绵羊凝乳酶、牛

...

意大利 Clerici 凝乳酶

凝乳酶、水牛凝乳酶等，为 100% 天然动物凝乳酶。产品有液体、膏状、粉状三种形式，无防腐剂，保留有益于凝乳的小分子化合物，产生独特香气和风味，奶酪品质稳定，生产成品得率高。

——DSM 凝乳酶

帝斯曼（中国）有限公司（DSM China Limited）提供的 Fromase®750XLG 高纯度液体系列凝乳酶产于法国，源自于米黑毛霉，既适用于普通羊奶酪，也适用于素食类羊奶酪。另一种适宜生产羊奶酪的凝乳酶为 Maxiren®XDS 系列，源自乳克鲁维酵母，产品为液体状，比传统凝乳酶具有更强的凝乳能力，能使奶酪具有理想质地和良好风味。

...

源自乳克鲁维酵母的 DSM 凝乳酶

——Danisco 凝乳酶

丹尼斯克（中国）有限公司（丹尼斯克 Danisco）提供的羊乳凝乳酶按预期用途有多种选型，既有动物凝乳酶 CARLINA® 系列，也有微生物凝乳酶 MARZYME® 系列，产品分为不同浓度的液体状和粉状以及适宜家庭牧场的片剂等。其中，微生物凝乳酶 MARZYME® 2200 应用较多，具有高效的凝乳效果，奶酪成品得率高，乳清透明清澈。

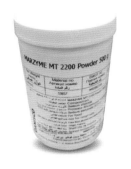

...

产自法国的 Danisco 微生物凝乳酶

（4）自制羔羊凝乳酶

正在哺乳期的幼小反刍家畜，其胃主要分泌皱胃酶。当饲喂母乳以外的饲料时，开始分泌胃蛋白酶，随着年龄增大，胃蛋白酶比例逐步增加，而皱胃酶逐渐减少。因此，自制提取羔羊皱胃酶时，应选用正处于哺乳期的小山羊或小绵羊的第四胃（皱胃），所得羔羊皱胃酶含量和活力最佳。

——皱胃处理

挑选 0~4 周龄的健康羔羊，在屠宰前 10h 绝食。屠宰后即切取皱胃。由于皱胃上半部分泌酶数量较多，应从第三胃（瓣胃）的末端处切取，下部应从十二指肠的上部切断。

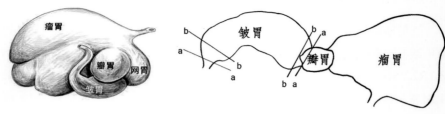

皱胃切取部位示意图

（引自《干酪科学与技术》，2015 年）

a-a：正确切取线；b-b：不正确切取线

用洁净流水冲洗皱胃，除去胃内容物，剔除脂肪和结缔组织，置于 -18℃ 条件下冷冻贮存备用。当开始自制凝乳酶时，记录本批次所用皱胃的数量，并对皱胃统一进行粉碎处理并混匀，制成皱胃肉糜（以下称肉糜）。

——操作方法

用食盐酒精混合液来浸泡肉糜，其中，食盐浓度 4%～5%，酒精浓度 10%～12%。具体操作步骤如下：

①按每个羔羊皱胃用食盐酒精液 200mL 的比例用量，对肉糜进行浸泡，并置于阴暗避光处 5d。每日应进行 2 次以上的充分搅拌。

②至第 6 天，收集上清液，将下部的混浊体与残渣用离心机进一步分离，所得液体与上清液混合（浸出液），保留分离的残渣。

③按每个皱胃用步骤②浸出液 100mL 的比例用量，加入分离残渣中，置阴暗避光处浸泡 2d，再用步骤②同样方法提取浸出液。

④将步骤②③的浸出液全部混合一处，按 5% 的比例加入 1mol/L 盐酸，使黏稠的浸出液变得透明，而黏性物质变成沉淀物。

⑤将沉淀物分离剔除后，再按一定比例向浸出液中加入食盐，使浸出液

含盐量达到15%。将浸出液pH调整至5~6，即成液体羔羊凝乳酶。置2~6℃阴暗避光处保存。测定活力后，随时用于奶酪生产。

上述全程操作可在常温下进行。有条件时，也可采用升华干燥法将液体凝乳酶制成粉末状，方便贮存和运输。

自制羔羊凝乳酶注意事项

自制羔羊凝乳酶时，由于羔羊个体差异和月龄不同，每批次羔羊皱胃浸提液中的凝乳酶与胃蛋白酶含量不一，因此，可将不同批次浸提液相互混合，再稀释到一定浓度，以避免使用时因酶浓度过高或过低而使乳的凝固状态不易控制，具体稀释倍数根据存放时间和活力而定。一般情况下，1个羔羊皱胃自制成的凝乳酶，可凝固羊乳1 200~1 500L。

4. 凝乳酶活力测定

羊奶酪生产中，掌控凝乳酶活力是关键环节之一。商品凝乳酶可按供应商提供的应用技术说明方法使用，一般按批次包装进行一次凝乳酶活力测试，做好记录标识。针对自制的凝乳酶，则须按凝乳酶制作批次进行活力测定。生产操作人员按照每批次生产奶酪所用羊乳的重量，准确计算与量取凝乳酶的用量。实际生产中，一般常以凝乳槽（罐）一次所能容纳的羊乳重量为计算依据，并做到每批次均为恒定的羊乳重量，尽可能保持不变。

凝乳酶的活力是指100mL的1%凝乳酶溶液或1g凝乳酶干粉在一定温度下（35℃）和一定时间内（40min）能凝固羊乳的数量（mL）。为方便生产一线进行凝乳酶活力测定，准确管控凝乳酶用量，在此专门介绍一种简单实用的凝乳酶用量计算方法。

...

奶酪生产人员准确量取（液体）凝乳酶的用量

[丹尼斯克（中国）有限公司供图]

（1）测定操作方法

设施和试剂包括粗天平、100mL 量筒、温度计、漏斗、普通滤纸、玻璃棒、150mL 三角烧瓶、150～200mL 烧杯、蒸馏水及凝乳酶干粉（如羔羊皱胃酶、菜蓟属凝乳酶）。步骤如下：

——配制 1% 凝乳酶溶液

称取 1g 凝乳酶干粉置于 150mL 三角瓶内，加 100mL 的 35℃蒸馏水。混溶后静止 15min，过滤，保留滤液。提示：配制好的酶溶液应在 2h 之内测定其活力。

——记录开始凝乳时间

以量筒量取 100mL 的羊乳（供试乳，取自用来制作奶酪的原料乳）置于 150～200mL 烧杯内，水浴加热至 35℃，然后加 1mL 配好的 1% 酶溶液，立即以玻璃棒（同方向）搅拌，同时记下开始时间（min）。

——记录羊乳凝固时间

用玻璃棒（同方向）搅拌羊乳后，取出玻璃棒，向羊乳表面置一小片纸屑（或木炭粒），用来观察羊乳的凝固状态。当纸屑（或木炭粒）停止转动时，表明羊乳已凝固，记下此刻时间（min），前后的时间差即凝乳时间（min）。

（2）计算凝乳酶活力

$$凝乳酶活力 = \frac{供试乳量（mL）}{酶的浓度（\%）} \times \frac{40}{凝乳时间（min）}$$

[举例] 100mL 的 1% 凝乳酶溶液，在 9min 内使 100mL 的羊乳凝固，则该凝乳酶的活力为：

$$\frac{100（mL）}{1\%} \times \frac{40}{9（min）} = 44000（mL）$$

即：100mL 的 1% 凝乳酶溶液或 1g 凝乳酶粉能使 44 000mL 羊乳凝固。生产羊奶酪时，即按此比例计算出应加入羊乳中的凝乳酶量。

5. 奶酪成熟与风味

（1）风味代谢物

奶酪成熟是指奶酪盐渍后，在一定温度与湿度条件下，经过一段时间贮存，奶酪中的脂肪、蛋白质和碳水化合物等在微生物和酶的作用下，发生复杂的生物化学分解反应，形成奶酪特有的风味、质地与组织状态的过程。其中，微生物与凝乳酶及其全部的代谢物对最终形成奶酪风味起到关键作用。奶酪成熟的目的就是赋予该种奶酪独有的外观、口感、滋（气）味、质地和营养功能等。成熟条件和方式不同，形成奶酪的品种繁多。

除特殊品种外，通常奶酪成熟时间为2~28个月。成熟时间取决于奶酪品种。成熟期间，需要严格控制温度与湿度，以促进预期微生物的生长和各种酶促反应的顺利进行，为形成奶酪特定风味与质地特点创造良好条件。一般最初的几周内成熟温度较高（称发酵贮存），待成熟达到一定程度后，开始降低成熟贮存温度（称成熟贮存），此期间奶酪成熟继续进行，只是成熟速度放慢，最后将温度降至2~6℃进行保存。低温贮存可延长奶酪货架期。奶酪冷冻容易破坏酪蛋白网状结构，使奶酪松散易碎和脂肪代谢物渗出，影响口感和风味。

...

意大利佩科里诺（Pecorino）
奶酪

——乳糖代谢

发酵剂中的微生物代谢乳糖形成乳酸，是奶酪加工中的重要一环。奶酪制造中，虽然绝大部分乳糖随着乳清排出，但凝乳块中仍会残留 0.8%～1.5% 的乳糖，凝乳块形成时，其 pH 为 6.2～6.4，因为此刻尚未进行盐渍处理，奶酪发酵剂微生物可以在 12h 内把残留乳糖分解代谢完毕。

凝乳块形成后，如果对凝乳块增加一道热烫处理工序，乳糖代谢之后，凝乳块中的乳酸含量约为每 100g 中 1.0g；如果对凝乳块不进行热烫处理，则乳糖代谢之后，凝乳块中的乳酸含量约为每 100g 中 1.5g。由此可知，热烫处理能在凝乳块中保留一部分乳糖（约 0.5%），这对奶酪成品最终带有坚果甜味比较重要。运用此工艺，可研制适合国人口味的奶酪产品。

——蛋白质水解

蛋白质水解作用是绝大多数成熟奶酪最重要、最复杂的生物化学变化之一。蛋白质水解可改善奶酪组织结构和营养功能，生成多种氨基酸和短肽等典型风味化合物。奶酪中含有各种各样蛋白酶和肽酶，它们主要来自凝乳酶、原料乳、主发酵剂以及次级发酵剂中的多种微生物如青霉菌等，这些酶类对蛋白质共同作用，对奶酪最终风味形成非常重要。

添加到乳中的大部分凝乳酶会随乳清排出，但是，当生产凝乳温度小于 40℃时，奶酪中有 5%～30% 凝乳酶（皱胃酶）仍具活力，残存的凝乳酶和胃蛋白酶含量随 pH 的降低而升高；从原料乳中带入奶酪的蛋白酶主要是纤溶酶，纤溶酶与酪蛋白胶粒紧密结合而存于凝乳块中，成熟期内纤溶酶主要作用于 β-酪蛋白。

奶酪蛋白质水解程度与水解方式，决定了奶酪成熟度和最终品质。这个过程首先是凝乳酶和纤溶酶分别水解 α_{s1}-酪蛋白和 β-酪蛋白，生成不溶于水的较大肽段，然后经过乳酸球菌胞膜蛋白酶的作用，将这些不溶性肽段再水解成水溶性短肽，从而形成特有的奶酪风味。

...

成熟好的洛克福（Roquefort）奶酪

——脂肪水解

虽然大部分奶酪在成熟期的脂肪水解情况并不明显，有些还不需要脂肪水解，但有一些独特的奶酪会使用液体凝乳酶或微生物脂肪酶等来促进脂肪水解，产生一种辛辣风味或极轻微的脂肪酸败味道，形成特殊复合滋（气）味，如用绵羊乳制成的佩科里诺（Pecorino）奶酪。总体看，冬天生产的奶酪，其脂肪水解速度要比春天和夏天的稍快。原料乳经巴氏杀菌制成的奶酪，其脂肪水解的程度，要比不经杀菌的缓慢。绵羊奶酪中的中短链脂肪酸含量要比牛乳酪高。

——柠檬酸代谢

乳中柠檬酸含量增高是山羊开始分娩的征兆性指标。分娩当天，乳中柠檬酸含量迅速升高，达到每100mL中150～200mg。绝大部分柠檬酸（约

94%）以溶解状态存在于乳清中并随乳清一起排出，剩余少量柠檬酸存在于凝乳中，可被奶酪发酵剂中的乳酸乳球菌双乙酰亚种（*Lactococcus lactis* subsp.*diacetylicum*）、肠膜明串珠菌乳脂亚种（*Leuconostoc mesenteroides* subsp.*cremoris*）等利用，代谢生成双乙酰、CO_2 等。双乙酰是奶酪中的重要风味物质，而 CO_2 有利于奶酪内部形成别致的小孔。

——氨基酸代谢

许多氨基酸与短肽拥有令人愉快的香味，对提高奶酪滋（气）味与口感具有重要作用。在一些酶类作用后，这些氨基酸与短肽被进一步转化成具有良好滋（气）味的挥发或非挥发性的小分子物质，诸如胺类化合物、氨、羰基化合物、有机酸、巯基甲烷（CH_3SH）等含硫化合物。需在后期进行成熟的奶酪如法国洛克福（Roquefort）奶酪、佩科里诺·沙多（Pecorino Sardo）奶酪等，其中的胺类化合物对其风味至关重要。

...

佩科里诺·沙多（Pecorino Sardo）奶酪（棕色为成熟的，白色为未成熟的）

意大利罗马诺
奶酪

（2）山羊奶酪风味特征

　　无论是否经过成熟，山羊奶酪都含有丰富的挥发性风味物质，包括不饱和脂肪酸、肽类等水溶性组分，以及醇、酮、酯及含硫化合物等中性组分。在山羊奶酪中已发现和鉴定了80多种活性芳香化合物。醛和醇对山羊奶酪的香味起到重要作用，微量甲硫基丙醛赋予山羊奶酪诱人的肉香或海鲜滋（气）味。

　　原料乳经巴氏杀菌的山羊奶酪因含3-吡咯啉、甲基酮、噻唑啉、香兰素及内酯而呈明显奶油香味。二苯乙酸、2-苯乙醇使山羊奶酪具有别致的芳香味、蜂蜜味和玫瑰香味。此外，3-甲基吲哚、柠檬油精等也能间接地促成山羊奶酪形成良好滋（气）味。

...

成熟中的西班牙戈梅拉岛（La Gomera）
奶酪

（3）绵羊奶酪风味特征

绵羊乳的蛋白质、脂肪和总固形物含量较高，所以绵羊奶酪具有独特的风味与质地。绵羊乳的风味受季节、泌乳期、饲草及加工等影响较大，其影响程度已超过山羊乳或牛乳，使绵羊奶酪成为一种季节性很强的产品。绵羊日常采食何种牧草比较重要，采食苜蓿能增加乳中的二甲基硫含量。如果改用巴氏杀菌方法来生产曼彻格（Manchego）奶酪，成品总体香气则会变弱。

与绵羊奶酪滋（气）味密切相关的挥发性风味化合物已发现60多种，覆盖醇类、醛类、酮类和酯类等，其中醇类约占1/5。以绵羊乳制成的西班牙隆卡尔（Roncal）奶酪为样本，通过气相色谱和嗅觉测定进行鉴别，这些化合物已逐一得到验证。代表性的诸如能呈现水果味的2-乙基己酸、乙酸乙酯，

…

西班牙隆卡尔（Roncal）奶酪

显现为绿色且呈现柑橘味的辛醛和奶油味的庚醛，呈现蘑菇香味的 1- 辛烯 -3- 醇，能同时呈现水果味及酷似青纹奶酪味的甲基酮等。

绵羊乳脂肪酸主要是辛酸、癸酸、己酸等中链脂肪酸（$C_8 \sim C_{10}$），以及乙酸、丙酸、戊酸等短链脂肪酸，是形成绵羊奶酪风味的重要底物。通过发酵剂和体细胞等脂肪酶的水解作用，可产生上述挥发性脂肪酸。特林乔（Terrincho）奶酪是葡萄牙一种略带胡椒味半硬质成熟绵羊奶酪，曼彻格（Manchego）奶酪是西班牙典型的硬质成熟绵羊奶酪。对二者研究发现，其成熟初期的游离脂肪酸浓度很低（$1 \sim 10\,\mu g/L$），但经 60d 成熟后，二者浓度都增加 $10 \sim 100$ 倍。

...

成熟的西班牙曼彻格（Manchego）
奶酪

（4）酶改性奶酪

酶改性奶酪（enzymes modified cheese, EMC），也称酶解奶酪，源于19世纪50年代运用粗制脂肪酶和蛋白酶生产的意大利波萝伏洛（Provolone）风味型奶酪。目前，酶改性技术已广泛用于再制奶酪、奶酪味食品、奶酪酱等，对于开发适宜国人口味的奶酪衍生品特别是餐饮业用奶酪风味食材具有重要意义。奶酪风味形成是一个缓慢的过程。奶酪的香气来源于制作和熟化过程中产生的风味物质。其中，主要是酶作用的结果，这些酶源于生乳、发酵剂、凝乳酶或后期成熟环境。

...

意大利波萝伏洛（Provolone）
奶酪

现代奶酪科学针对风味与滋味基础研究，解密了奶酪中的典型风味来源。如脂肪酶能促进产生脂肪酸特有的风味，而蛋白酶可形成愉悦的口感。其中，让人不适的"肉汤味"或宜人的鲜味，来自蛋白水解；而令人厌恶的腐臭味或可人的甜味，则来自脂肪水解。

诺维信（中国）投资有限公司借助酶改性技术，研发设计奶酪增香方案，研制生产 Novozymes® 酶制剂脂肪酶（Palatase®）和蛋白酶（Neutrase® 或 Flavourzyme®）等，在凝乳环节通过这一类外源酶实施适当干预，或者以天然奶酪为基料加入相应酶制剂，采用粉碎、加热、搅拌等再融化方式生产强化风味的奶酪产品。通过管控酶制剂的添加量、温度、时间等工艺参数，在几小时或几天内即可产生预期定向的强烈香气，与过去传统奶酪风味生成方式相比，可大幅提高生产效率，节约制造成本，针对性研发不同风味的羊奶酪。

...

诺维信（Novozymes）
奶酪脂肪酶

（二）生产范例

生产羊奶酪，既有农家手工形式制成，也有乳品厂工业化生产。制作原理与生产流程大体相同。其中，手工制作的实例在本章第一部分和第三章第五部分等有所介绍。本部分主要以乳品厂生产范例为重点，扼要介绍羊奶酪典型加工工艺、工厂建设要点、小型奶酪工厂配置等。

> 说明：本部分（第103~133页）所有生产工艺流程图、相关设备设施配置、制作要点与技术参数等均引自意大利 MilkyLAB S.r.l. 和北京多爱特生物科技有限公司提供的配套技术方案。

1. 典型加工实例

（1）菲达（Feta）奶酪

菲达奶酪原产于希腊，系以经过（或未经过）巴氏杀菌绵羊乳（或与山羊乳混合乳）为原料制成的软质盐浸型奶酪，无硬外皮，质地密实，有小孔及少量裂痕，色泽乳白，有种令人愉悦的微酸味和独特香气。

欧盟法规（EU No.1829/2002）与菲达奶酪

　　欧盟将 Feta 这一奶酪产品列入原产地（PDO 产品）保护名单。希腊规定生产菲达奶酪的原料必须是绵羊乳，或为绵羊乳与山羊乳的混合乳，且山羊乳用量不能超过30%；同时，必须使其在装有盐水的木桶或金属容器中成熟至少2个月才能上市；产品水分含量≤56%，干物质基础脂肪含量≥43%，pH4.4～4.6。

——传统工艺

在希腊特定区域内，规定仅以草饲的绵羊所产乳（或与不超过30%山羊乳的混合乳）为原料。同时，要求奶酪工厂从牧场收集新鲜羊奶后，必须于48h内生产。对羊乳进行脂肪含量标准化处理后，在68℃条件下进行10min热处理（或72℃、15s巴氏杀菌处理），然后将羊乳降温并保持在（35±1）℃，

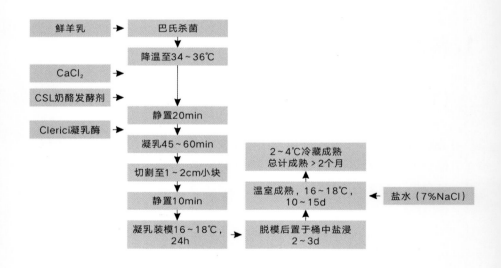

希腊菲达奶酪传统生产工艺流程示意图

打入凝乳槽。

添加含有乳酸乳球菌乳酸亚种（*Lactococcus lactis* subsp.*lactis*）、乳酸乳球菌乳脂亚种（*Lactococcus lactis* subsp.*cremoris*）、嗜热链球菌（*Streptococcus thermophilus*）、德氏乳杆菌乳亚种（*Lactobacillus delbrueckii* subsp.*lactis*）、德氏乳杆菌保加利亚亚种（*Lactobacillus delbrueckii* subsp.*Bulgaricus*）等复合型专用发酵剂，也可用意大利CSL羊奶酪发酵剂FTIDC13。

再添加食品级氯化钙（每100kg羊乳添加氯化钙10~20g）。发酵剂和氯化钙加入时，同时启动凝乳槽机械搅拌系统，保证分布均匀。然后停止搅拌，静止20min后，开始添加凝乳酶，如每100kg羊乳添加4~5g意大利克莱里奇Clerici绵羊凝乳酶，或与部分山羊凝乳酶的混合酶，应保证羊乳在45~60min内凝固。

...

盐渍中的菲达（Feta）
奶酪

待羊乳完成凝结后，以金属切刀将凝乳全部切成立方体凝乳块（水平、垂直切刀的间距均为 1～2cm）。注意：应保证凝乳槽保温夹层里水温，全程控制在（35±1）℃。凝乳块在凝乳槽内静置 10min 后，将凝块乳小心分装至模具中，以利乳清排出与成型。该过程既可使用手工方式装填模具，也可采用机械方法进行自动装填模具。

填充好的模具运送至 16～18℃ 保温室，放置 18～24h。其间，每隔 8h 翻转一次模具，每间隔 8h 翻转一次模具以利乳清沥净。之后，将奶酪从模具中取出，转存放于专用木桶或金属容器中，手工分层摆放，用食盐粉涂抹奶酪表面进行腌制，存贮 48～72h 进行第一次成熟。一般奶酪食盐浓度达到 3%。

再将奶酪放入装有 7% 盐水的木桶（或其他容器）中，转至 16～18℃ 成熟室成熟 10～15d，逐渐形成菲达奶酪特定的感官质地特性。此时奶酪的水分应 ≤ 56%，pH4.4～4.6。之后，将菲达奶酪运送至 2～4℃ 成熟室，进行 60d 第二次成熟。第二次成熟后，既可把装有菲达奶酪的容器直接出厂运至超市或商店，按顾客需要从容器取出菲达奶酪称重出售，也可将已统一重量规格的菲达奶酪置于盛有盐水封闭容器中，全程 2～6℃ 冷链条件下直接出售。

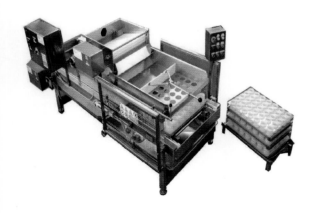

...

机械自动装模系统

菲达（Feta）奶酪（白色块状）
拼盘开胃菜

第二章
羊奶酪生产制造

——成品特点

总体看，菲达奶酪乳香浓郁，含盐量高，咸味很重，质构柔软而又密实，易碎，感官略带颗粒感。随着成熟时间延长，质地变得更易碎和干爽，咸味加重，乳香更浓烈，口感变得油润可人。

不同国家和地区的菲达奶酪各有特色。如马其顿共和国及保加利亚色雷斯地区的口感温和，油润柔软，咸味轻。希腊色萨利地区的风味浓郁，而伯罗奔尼撒地区的质地较干，风味别致，裂纹多。地中海东部及黑海附近的国家和地区也生产与菲达奶酪很相似的奶酪，称"白奶酪"。

——食用方法

菲达奶酪在希腊等地中海地区的国家很受欢迎，吃法多样。如加少许菲达奶酪碎粒于蔬菜、腌橄榄拼盘，再淋上橄榄油，即成美味的希腊沙拉。菲达奶酪是希腊蔬菜派（Spanakopita）、奶酪派（Tyropita）等不可缺少的食材；还可用于油炸奶酪（Saganaki）开胃点心，也可搭配三明治、比萨、蛋卷等一起烘烤或热煎，奶香浓浓，美味可口。

（2）佩科里诺·罗马诺（Pecorino Romano）奶酪

佩科里诺·罗马诺奶酪原产于意大利。在硬质绵羊奶酪中，意大利佩科里诺·罗马诺奶酪是最为知名的奶酪之一，历史悠久，受欧盟原产地标（PDO）保护，规定限制在撒丁岛、拉齐奥和格罗塞托地区制作，每年10月份至翌年7月份生产，与放牧的萨尔达（Sarda）羊的泌乳周期基本一致，契合当地牧民传统生产习惯。

佩科里诺·罗马诺质地坚硬，光滑的薄皮呈淡黄或黄色，圆柱形，高25~40cm，直径25~35cm，重20~35kg。奶酪侧面的外皮排满规则的虚线印迹，分别是菱形边框包裹的典型羊头图案、Pecorino Romano字样，并各自印上拉齐奥、撒丁岛、格罗塞托三个生产区的徽标。

——传统工艺

佩科里诺·罗马诺奶酪需符合原产地（PDO）技术标准要求。所用新鲜全脂绵羊乳全部来自当地放牧的萨尔达羊，这些绵羊自由采食天然牧草，羊乳富有奇妙风味。

意大利本国销售的佩科里诺·罗马诺奶酪，其绵羊乳不经巴氏杀菌，或采用低于巴氏杀菌的温和热处理工艺。而生产出口的佩科里诺·罗马诺奶酪时，其绵羊乳则全部进行标准巴氏杀菌处理。

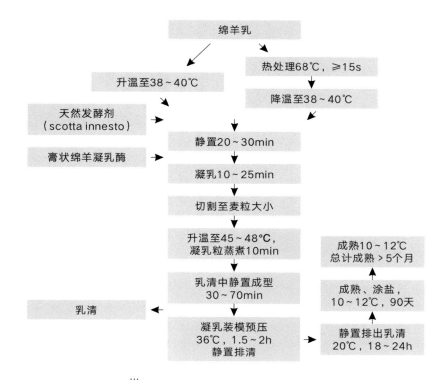

佩科里诺·罗马诺奶酪生产工艺流程示意图

以意大利本土销售的佩科里诺·罗马诺奶酪生产为例，对全脂绵羊乳仅进行过滤和离心除菌处理（或仅加热到68℃保持15s），此工序要尽可能不破坏新鲜羊乳自然状态和固有营养成分。羊乳温度为38~40℃时，送至佩科里诺凝乳槽内，按2.5%~3.5%比例加入传统纯的天然发酵液（scotta innesto）搅拌混合均匀后，静置20~30min；然后再添加源于产区绵羊的膏状凝乳酶，搅拌均匀后保持静止15~30min，待凝乳形成后进行切割；最终将凝乳切成麦粒大小的凝乳碎块。

佩科里诺·罗马诺奶酪与纯天然发酵液

在萨尔达羊乳中加入纯天然发酵液"scotta innesto"进行发酵，是制作佩科里诺·罗马诺奶酪的最大特点。必须用几百年经典方法，将每天生产里科塔（Ricotta）奶酪的残余乳清液"scotta"单独进行自然发酵酸化，制成纯天然发酵液，其中主要菌株为嗜热链球菌、保加利亚乳杆菌、瑞士乳杆菌等。这些菌株必须全部源自本地。

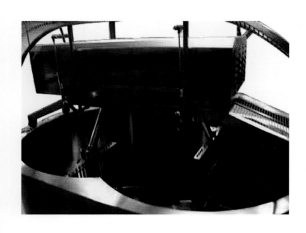

...

佩科里诺凝乳槽

天然发酵液具体制法是在同一工厂生产里科塔（Ricotta）奶酪时，凝乳完成后，收集分离出的乳清残液并移至专用发酵罐，将乳清残液快速降温至 42～45℃，加入 0.1%～0.5% 前一天生产时剩余的天然发酵液作为"引子"进行发酵，一般需经 10～18h 发酵至 75～90°T。

生产非 PDO 保护的佩科里诺·罗马诺奶酪时，可以用含复合菌株（主要是嗜热链球菌、保加利亚乳杆菌、瑞士乳杆菌等）直投式商业发酵剂，如意大利 CSL 羊奶酪发酵剂 PS-IDC-10，以及意大利克莱里奇 Clerici 绵羊凝乳酶或与部分山羊凝乳酶的混合酶，每 100kg 羊乳添加 72～80mL。

切割完成后，凝乳粒必须在 45～48℃ 温度下保持 10min 左右，停止加热后，静止于凝乳槽底部，保持 30～70min 而成形，再从乳清中缓慢小心捞出凝乳粒，手工装填入佩科里诺圆形模具，并压实砸实。为促进乳清排出，装填过程用手指或细木棍进行穿刺插孔，也可使用机械凝乳装模系统提高工作效率。

...

佩科里诺圆形模具

…

奶酪工匠对成熟中的佩科里诺·罗马诺（Pecorino Romano）奶酪
进行表面涂盐

　　将装填好的模具置于温度为 36℃ 的房间，继续沥净乳清 1.5~2h，直至乳清 pH 降到 5.2~5.3。随后移至（20±1）℃ 的房间内，放置 18~24h。第 2 天，将奶酪从模具中取出，对其表面进行涂盐（或整体浸入盐水中浸泡）。之后将奶酪转至 10~14℃ 成熟库，成熟至少 5 个月。

　　5 个月成熟期内，在前 3 个月（90d）需经常进行表面涂盐操作，而且涂盐操作应遵循一定的间隔规律。最初开始成熟的 5d 内，每天要把奶酪翻转 1 次，并用粗盐擦涂 1 遍表面。从第 6 天起每间隔 3~4d，再重复 1 次翻转和涂盐。1 个月后，每周重复 1 次翻转加涂盐，直至满 3 个月。前 3 个月坚持翻转与涂盐，可使奶酪保持完好的外观形态，不变形，而且促进其形成良好风味。

...

20℃下放置 18 ~ 24h

——成品特点

成熟 5 个月，奶酪内芯呈乳白色或浅黄色，有的带有少量小孔，奶酪柔软甜润，虽然咸味重，但有种令人愉悦的浓郁芳香，即可作为佐餐奶酪上市。而成熟 8 个月以上的，可作磨碎食用的奶酪出售，因为随着成熟时间延长，成熟度会加重，形成干燥易碎且呈晶体粒状的组织结构，味道变得愈发浓烈，

...

佩科里诺·罗马诺（Pecorino Romano）奶酪

富有强烈辛辣醇香味。佩科里诺·罗马诺奶酪干物质基础脂肪含量不小于36%。

佩科里诺·罗马诺奶酪用羊皮纸或蜡纸包裹严密，放入冰箱冷藏，一般可储存6周。切成手掌大小厚片用铝箔纸包裹，或磨碎后装入自封袋排尽空气封严，置于冷冻条件下可储存6个月。

——食用方法

这款奶酪很受意大利厨师青睐，常用来做许多意式经典菜肴中的增味调料。磨碎成粉或削成屑片放在海鲜饭、沙拉、浓汤和比萨上面，慢慢融化，让食物充分浸润它的味道，味道鲜美别致。撒在或混合到各种菜肴中时，其咸咸的乳香味会增强鲜味。在罗马乡下农庄，传统习惯是与自制面包、煮熟的新鲜蚕豆一起食用。

既可以作咸味调料，撒在面包、土豆和蔬菜上或混合到面包屑、调味粉和酱料中增加风味，也可制成意大利有名的辣味番茄培根空芯面、黑椒奶酪意大利面等，还可与其他奶酪混搭做成砂锅炖菜、奶油焗烤菜等。成熟期短的可切成条块，与蜂蜜、梨、无花果等搭配直接享用。

（3）哈罗米（Halloumi）奶酪

哈罗米奶酪起源于地中海东部的塞浦路斯。希腊、黎巴嫩、中东地区及罗马尼亚、土耳其也生产这种奶酪。土耳其语"Hellim"。哈罗米奶酪已受到欧盟和美国的PDO保护。通常该奶酪由绵羊乳（或绵羊乳与山羊乳的混合乳）制成，是一种半硬质至软质、盐浸新鲜羊奶酪，外部有薄皮，内部有少量气孔或微小裂缝，质地致密而有弹性，易于切片，呈乳白色或淡黄色。与传统工艺不同的是，工业化生产哈罗米奶酪时，对原料乳普遍使用巴氏杀菌（72℃、20s）处理工艺。

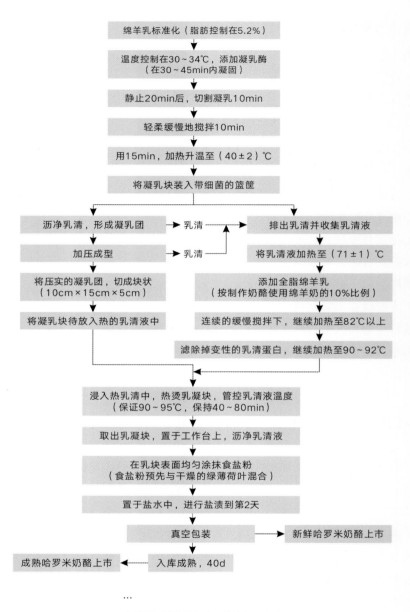

绵羊乳标准化（脂肪控制在5.2%）

温度控制在30~34℃，添加凝乳酶
（在30~45min内凝固）

静止20min后，切割凝乳10min

轻柔缓慢地搅拌10min

用15min，加热升温至（40±2）℃

将凝乳块装入带细菌的篮筐

沥净乳清，形成凝乳团 → 乳清 → 排出乳清并收集乳清液

加压成型 → 乳清 → 将乳清液加热至（71±1）℃

将压实的凝乳团，切成块状
（10cm×15cm×5cm）

添加全脂绵羊乳
（按制作奶酪使用绵羊奶的10%比例）

将凝乳块待放入热的乳清液中

连续的缓慢搅拌下，继续加热至82℃以上

滤除掉变性的乳清蛋白，继续加热至90~92℃

浸入热乳清中，热烫乳凝块，管控乳清液温度
（保证90~95℃，保持40~80min）

取出乳凝块，置于工作台上，沥净乳清液

在乳块表面均匀涂抹食盐粉
（食盐粉预先与干燥的绿薄荷叶混合）

置于盐水中，进行盐渍到第2天

真空包装 → 新鲜哈罗米奶酪上市

成熟哈罗米奶酪上市 ← 入库成熟，40d

...

哈罗米奶酪传统生产工艺流程示意图

——传统工艺

传统方法生产哈罗米奶酪，可不对羊乳进行巴氏杀菌处理。绵羊乳（或混合乳）脂肪含量控制在 5.2%～5.3%，降温至（33±1）℃，加入食品级氯化钙（按每 100kg 羊乳添加 10～20g）和凝乳酶（按每 100kg 羊乳添加 25～40mL 意大利克莱里奇 Clerici 绵羊凝乳酶或与部分山羊凝乳酶的混合酶），添加量应足以使羊乳在该温度下经 30～45min 内凝固。传统哈罗米奶酪生产通常不添加发酵剂。但是，在添加凝乳酶之前的 30～40min，加入乳酸乳球菌乳酸亚种、乳脂亚种所组成的复合发酵剂（如意大利 CSL 羊奶酪发酵剂 DOM1）可使哈罗米奶酪风味更佳。

羊乳凝固后，将凝乳切割成 1.5～2cm^3 的凝乳粒，并连续缓慢搅拌升温至 38～42℃，当达这一温度范围时，确保再缓慢搅拌凝乳粒 10～20min，以增强硬度和韧性。然后使其沉降于凝乳槽底部，静止 10min 左右后，开始排出乳清。通过乳清分离装置，把乳清泵送至暂存罐备用于后续的蒸煮工序。凝乳粒装填至模具中，通过压榨进一步排出更多乳清。

...

哈罗米奶酪成套生产设备

使用模具配套的切刀，将凝乳切成矩形方块，尺寸10cm×15cm×（3～5）cm，然后在90～95℃的乳清中蒸煮奶酪块40～80min。随后将奶酪块捞出，冷却至室内环境温度，使用约5%的干燥食盐与适量干薄荷叶一起涂抹于奶酪表面，堆叠和收集奶酪块入箱，在2～8℃条件下静止存放14～18h。取出奶酪块，真空包装后，即可作为新鲜哈罗米奶酪上市；或将奶酪块存储在食盐水（浓度11%左右）中，成熟40d以上再出售，即成熟的哈罗米奶酪。

...　　　　　　　　　　...

切成矩形方块　　　　　　奶酪表面涂盐

...

2～8℃存放14～18h

羊奶酪
生产与鉴赏

——成品特点

新鲜的哈罗米奶酪独具风味特色，在食盐水（浓度 12%～18%）中的保质期可达 30d。虽然被归类为盐浸奶酪，但由于在制造过程中经过加热蒸煮处理，因此具备良好的切片、切碎特性，而且挤压后不变形，加热时不熔化，形状不改变，这点与菲达等其他盐浸奶酪有很大差异。

哈罗米奶酪常以真空包装的块状形状出售，每块重量 250～350g，有新鲜或略经成熟的不同品类。由于在涂盐中添加了干碎的薄荷叶，奶酪带有淡淡的薄荷香味。新鲜的哈罗米奶酪呈乳白色，有种奶油般的滋（气）味。成熟的哈罗米奶酪一般需 40d 成熟后上市，乳香风味愈发浓郁。哈罗米奶酪水分含量小于或等于 46%，干物质基础脂肪含量 40%～43%，食盐含量约 3%。

...

包装出售的哈罗米奶酪

含薄荷叶的哈罗米奶酪

...

烧烤哈罗米奶酪

...

油煎哈罗米奶酪

——食用方法

作为独特的地中海美食，哈罗米奶酪可搭配各种不同食物，成为塞浦路斯人日常饮食必不可少的佳肴，许多山村小店都能制作，常用于烹饪餐饮业，特别适宜油炸、烧烤等。

经过烧烤的哈罗米奶酪，风味更浓郁，色泽更诱人。这种适宜热烹饪的食法更接近亚洲口味，非常适合中国消费者的饮食习惯。与其他普通奶酪一样，哈罗米奶酪也可搭配各类蔬菜、水果、面包制成开胃菜、小吃、三明治等，或磨碎后撒在热餐面食里，醇香浓郁，令人垂涎。

2. 工厂建设要点

（1）布局设计

根据羊乳奶源实际供给条件，以鲜羊乳为原料，利用专业设备和可行生产技术，建设羊奶酪工厂，制造营养丰富、契合市场需求的羊奶酪产品，同时考虑奶酪副产品乳清的综合利用途径并同步推进建设。

——项目论证与建设规划

建设羊奶酪工厂要严格遵守国家和行业相关建设标准和食（乳）品工厂设计规范，满足产业总体布局和政策要求。在完成项目立项与咨询、项目可行性论证、环境评估、建设规划与消防安全审批、节能减排及绿化等法律规定程序并获准建设前提下，开始启动和实施项目建设。

——前期准备与建设方案

结合市场调研和预期经营目标，以及前期技术开发和研发试验结论，参照本书有关技术内容和咨询专业公司及行业专家，进行系统性综合论证等，确立奶酪品种与生产规模、生产自动化与机械化程度、产品工艺技术路线与平面总体布局设置，再综合考量主要生产设备选型、辅助性生产设备设施匹配等，整体推进设计和建设方案。

——主要设备与配套设施

羊奶酪制造关键设备设施包括鲜羊乳收集和贮存设备、巴氏杀菌设备、凝乳槽（罐）与热水供给及温控保障系统、奶酪专用转运车、压榨机（器）、专用配套奶酪模具、设备清洗系统设施、盐浸槽（池）及盐水循环过滤系统、奶酪成熟室与温湿度控制系统、预包装设备设施，以及发酵剂、凝乳酶制备设施等。

辅助性生产设备设施主要包括电力供给系统、热力供应系统、压缩空气供给系统、制冷系统、给排风空调系统、给排水系统、污水处理系统，以及原辅料库房、化验品控仪器设施等。

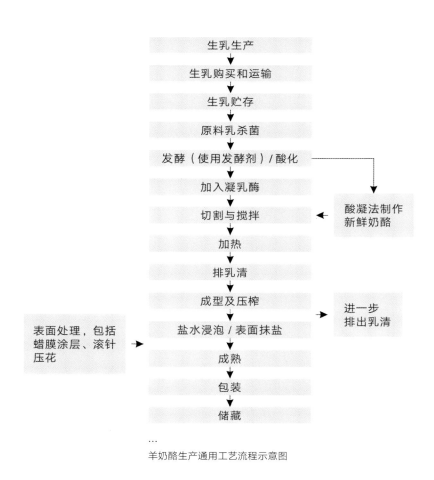

羊奶酪生产通用工艺流程示意图

（2）关键设备设施

奶酪生产关键设备设施包括但不限于以下内容。

——凝乳槽

根据生产规模和日产能，选择凝乳槽（罐）有效容积与配置数量。一般配置 2 个以上，以确保生产连续性和制造效率。2 000L 以下容量的，可选择圆形凝乳槽；2 000L 以上容量的，可选用双 O 形凝乳槽。

圆形凝乳槽　　双 O 形凝乳槽

——装模机

装模机分为手动装模、半自动装模与全自动装模。小规模生产，建议选择手动装模与半自动装模机，性价比高；而生产规模较大的，建议选择全自动装模系统，提高生产效率。

半自动装模机　　　　　　　　三通道全自动装模机

——压榨机

压榨系统可根据奶酪的具体品种选择横向或者纵向压榨机。

...
纵向压榨机

...
横向压榨机

——盐浸系统

盐浸系统根据生产规模自行定制盐浸槽（池），或配置盐浸隧道设备。

...
盐水冷浸隧道设备

——成熟室

奶酪成熟室（库）专用于成熟型奶酪的老化成熟，确保恒温与恒湿。需根据奶酪品种和产能规模进行专门设计。奶酪成熟室应满足：①产品安全、节能环保。②温度控制范围4～45℃，温度控制精度±1℃。③相对湿度控制范围35%～95%，相对湿度控制精度±5%。④成熟室的空间尺寸应根据生产需要进行总体布局设计，建议隔成两个相同大小的房间。⑤空气洁净度应满足《食品安全国家标准 乳制品良好生产规范》（GB 12693）清洁作业区相关要求。建议技术参数指标为0.5μm尘粒≤3 500 000/m³、5μm尘粒≤20 000/m³；空气浮游菌≤500CFU/m³，沉降菌≤10CFU/皿。其中，尘粒检测参考《洁净厂房施工及质量验收规范》（GB 51110），浮游菌检测参考《医药工业洁净室（区）浮游菌的检测方法》（GB16293），沉降菌检测参考《公共场所卫生检验方法 第3部分：空气微生物》（GB/T 18204.3）。

其他生产设备，如模具储存与清洗系统，或者集装模、脱模、模具贮存与清洗全自动一体机系统等，企业可据实际情况自行选配。

模具储存与清洗一体机

自动装模、自动脱模、模具贮存与清洗一体机

3. 小厂配置方案

（1）日处理羊乳 1t

以日处理羊乳 1t 生产哈罗米（Halloumi）奶酪的工厂配置为例。核心生产区域面积约 50m²。选用半自动化生产设备，需 2~3 名操作人员。

——主要设备

SUS 304 不锈钢 500L 凝乳槽 2 台；SUS304 奶酪作业车 2 台；SUD304 不锈钢单头压榨机 1 台（含 1 个压榨活塞、15 套模具）；SUS304 不锈钢 500L 移动式冷却盐浸槽 1 个；SUS 304 不锈钢 300L 蒸煮槽 1 台；3t/h 的食品级离心泵 1 个。

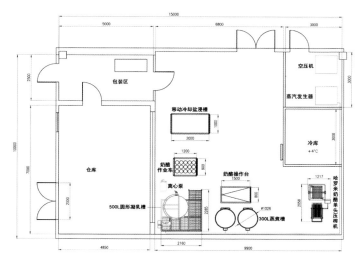

单位：mm

日处理羊乳 1t 的奶酪车间平面布局示意图

——动力配置（仅限生产设备）

供电：10kW，380V/50Hz。

供水：2t/d；水质符合《生活饮用水卫生标准》（GB 5749）；冷却水10～15℃。

蒸汽：常压洁净蒸汽300kg/h。

压缩空气：洁净压缩空气500L/h。

（2）日处理羊乳5t

以日处理羊乳5t生产制作半硬质羊奶酪的工厂配置为例。日处理5t羊乳的奶酪生产设备可同时安排生产两种不同规格半硬质羊奶酪，即圆形5kg、正方形15kg。建议应预留将产能扩展至日处理10t的场地空间。如果选用自动化设备，仅需3～4名操作人员。

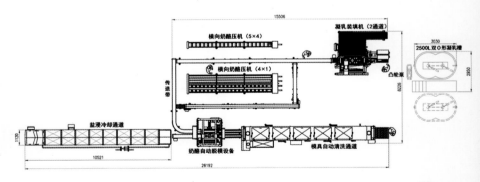

单位：mm

日处理羊乳5t的奶酪车间平面布局示意图

——主要设备

容积 2 500L 的双 O 形凝乳槽 1 台（将蒸汽／水注入夹层进行加热／冷却，双圆锥形底部设计，配有切割搅拌系统、气动活塞卸载阀等）。双通道的凝乳装填机 1 台（满足每批次装填 300kg 凝乳设计，凝乳自动装模可保证操作准确度和较高生产效率）。

横向压榨机（圆形模具）1 台、横向压榨机（方形模具）1 台（可生产 2 种形状半硬质羊奶酪，方形模具用于生产 10kg 产品，圆形模具用于生产 5kg 产品）。自动脱模设备 1 套（可自动分离奶酪及模具，通过传送带将奶酪送入盐浸冷却通道，模具进入自动清洗通道）。模具自动清洗通道 1 套（对压榨模具及上盖进行清洗）。盐浸冷却通道 1 套（盐浸过程中自动传送奶酪，速度可调节）。

——占地面积

核心生产区域面积约 200m²，其他辅助设备及食品工厂必备配套设施等占地面积需结合实际情况进行平面设计。

——动力配置（仅限生产设备）

供电：40kW，380V／50Hz。

供水：15t／d；水质符合《生活饮用水卫生标准》（GB 5749）；冷却水 10～15℃。

蒸汽：常压洁净蒸汽 700kg／h。

压缩空气：洁净压缩空气 1 500L／h。

（3）日处理羊乳 10t

以日处理羊乳 10t 生产制作佩科里诺·罗马诺奶酪的工厂配置为例。选

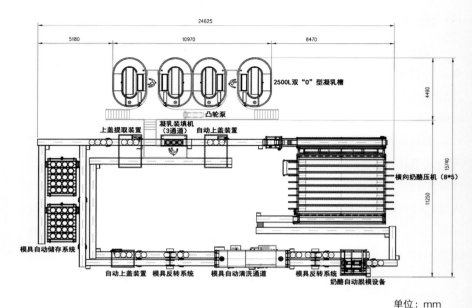

日处理羊乳 10t 的奶酪车间平面布局示意图

择全自动化生产线，仅需 3 名操作人员，用于生产 20kg 规格的佩科里诺·罗马诺奶酪。建议预留将产能扩展至日处理 20t 鲜羊乳的产地空间。

——主要设备

容积为 2 500L 的双 O 形凝乳槽 2 台（每批次处理 5 000kg 鲜羊乳）；3 通道凝乳装填机 1 台（装填速度 1 000kg/h，可满足每批次装填 300kg 凝乳，高效便捷准确）；横向压榨机（圆形模具）1 台；自动脱模设备 1 套（自动分离奶酪及模具）；模具自动清洗通道 1 套。模具自动储存系统 1 套（可将清洗完成的模具自动堆叠储存）；盐浸及盐水过滤杀菌循环系统 1 套（实现盐水循环利用，自动过滤盐水中的奶酪碎屑，自动调节盐水浓度和温度）。

——占地面积

核心生产区域面积约 500m^2。其他辅助设备及食品工厂必备配套设施等占地面积，需要结合实际情况进行工厂平面设计。

——动力配置（仅限生产设备）

供电：60kW，380V/50Hz。

供水：18t/d；水质符合《生活饮用水卫生标准》（GB 5749）；冷却水 10～15℃。

蒸汽：常压洁净蒸汽 1 000kg/h。

压缩空气：洁净压缩空气 1 800L/h。

意大利
卡西奥塔·乌比诺（Casciotta d'Urbino）
奶酪

第二章
羊奶酪生产制造

（三）奶酪模具制作

模具是生产奶酪的重要器具。一方面，相同的规格有利于同批次奶酪形成一致的物理化学及感官风味等，从而统一管控品质；另一方面，虽然成熟型奶酪是按成品实际重量（kg）来计价，但模具能使产品外形与体积整齐一

…

意大利福马盖拉·路易尼斯（Formaggella Luinese）
奶酪模具

致，便于统一包装储运。确定奶酪模具是一个实验摸索过程。瑞士埃门塔尔（Emmentaler）奶酪、中国鞍达（Anda）奶酪等许多传统奶酪的模具都是历经长时间摸索才确定下来。

良好风味对奶酪至关重要。生产实践表明，同一品种，在相同的工艺、相同的成熟时间和贮藏条件下，其体积规格较大的奶酪，往往表现出更好的风味口感，因此，从保证风味角度来说，模具制作应遵循"宜大不宜小"的基本原则。

对于成熟型羊奶酪，其成型后的成品体积规格，对后期发酵与老化成熟均有重要影响。

1. 模具容积

（1）估测密度

当奶酪的原料乳组成以及杀菌环节、凝乳与发酵工序，直至乳清排除程度等初步确立后，可预测模具容积。不同硬度的奶酪，密度不一。取不同样品测定结果显示，特硬质的约为 $1.40g/cm^3$，硬质的 $1.33g/cm^3$，半硬质的 $1.26g/cm^3$，半软质的 $1.19g/cm^3$。

（2）确定容积

奶酪密度与模具容积成反比关系，密度越小，容积越大。按"宜大不宜小"原则，取半软质奶酪的密度为 $1.19g/cm^3$（参考值），分别对应重量 100g、250g、500g、1 000g 和 2 000g 为基点来测算预估容积，并取最大整数值，确立 5 个预测容积为 $90cm^3$、$220cm^3$、$440cm^3$、$850cm^3$ 和 $1 700cm^3$。

2. 模具选形

（1）模具形状

模具的形状应便于脱模，且有利于保持奶酪形状，避免塌陷变形。羊奶酪模具可用圆柱形、圆台形、金字塔形、半球形（扣碗形）、圆鼓形等。

（2）试制试用

以圆柱形为例。圆柱的容积（V, cm^3）为底面积（R^2, cm^2）乘以高度（H, cm），即：$V = \pi \times R^2 \times H$。按前面5个预估容积值，以底面积半径（$R$）和圆柱高（$H$）为参变量，对应计算若干组 R 与 H 值，并按1：1比例画出这几组图形，经直观比对和商讨，选定其中所期望的图形（半径 R 和高度 H），对应制作5个模具，经生产试用，从中确定几个适宜的模具尺寸。其他形状模具的定型过程大致相同。

（3）后期校正

模具试用后，实际奶酪重量若与预期的有一定偏差（超过15%），可适当微调模具高度，重新确定新模具尺寸。若重量偏差不大（小于15%），也可不再改动模具，而是通过管控乳清排除程度及成熟管理等，调控成品重量。

3. 材质功能

（1）防腐耐用

选用安全、耐腐蚀的材质制作模具，且抗机械性外力性强，结构牢固，不易变形，经清洗和消毒后可反复使用；同时，应具备乳清的排出功能，模具侧壁与底面均匀预留小孔（直径 $0.8 \sim 1.2mm$），小孔的数量按每 $100cm^2$ 分布 $1 \sim 2$ 个为宜。

（2）形制多样

模具除了用 SUS316 或 SUS304 不锈钢材质制作外，还可用廉价易得的天然无毒木质材料制成，以充分利用本地自然资源，节约成本，如栗木、松木等。既可选用遇水后韧性变强的无毒天然植物，如中国新疆红柳的细枝或

...

中国新疆红柳

茋茋草、竹篾等枝条，由专业篾匠编制成牢固的小篮筐；也可用其制成网格框架作外部支撑，内衬 2～3 层未染色的纯棉粗布做成模具。

4. 模具图例

（1）平面列阵

为方便凝乳入模、压榨（挤压）、脱模等操作，提高工作效率，针对已定型的不锈钢模具，可制成成套组合模具。以不锈钢材质为例，把定型的圆台形模具以 5×5（25）个或 5×10（50）个等间距进行平面列阵排布，在带围沿的不锈钢方盘底部按列阵模具每个开口的位置和尺寸进行精确开孔，然后再口对孔地把模具逐一焊接在盘底下。

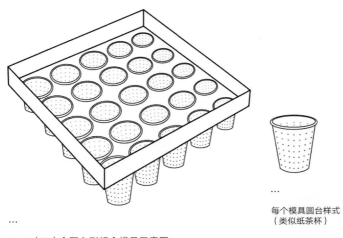

每个模具圆台样式
（类似纸茶杯）

...

5×5（25）个圆台形组合模具示意图

（2）立体组架

为充分利用生产场地的空间和面积，可在制成组合模具的基础上，再配套制成组合模具的专用支架，设置多层结构，每层间隔设置乳清导流板，逐层码放组合模具。此外，也可用食品级 PP 塑料等无毒材质订制做成组合模具。

（3）模具实例

...

1　意大利佩科里诺·沙多奶酪（Pecorino Sardo）奶酪模具
2　奶酪模具与压榨装置
3　圆盘形硬质奶酪模具
4　里科塔（Ricotta）奶酪不同规格模具

1	2
3	4

意大利穆拉扎诺（Murazzano）
奶酪金属筒状模具

（四）奶酪成熟度判定

1. 感官风味评定

　　除新鲜奶酪外，正确判定成熟型奶酪的成熟度非常重要。奶酪感官评定项目包括外观、滋（气）味、口感、色泽、硬度、黏度、颗粒度等，虽然可以通过有丰富经验的奶酪工匠、评鉴师及质量品控人员进行集体品尝和打分评估，但在实际生产中，通过取样进行成熟度测定是一重要评定手段。尤其在羊奶酪新品研发试制阶段，需通过监测不同成熟时间可量化的成熟度值，以风味为核心，与测定值进行对比，结合感官评价结果进行综合评估，建立和执行奶酪成熟度管控标准。

...

俄克拉荷马州兰斯顿大学曾寿山教授（右）和 Gianaclis Caldwell 教授正在品鉴评估奶酪质量

（1）数据模型

奶酪是演绎味道的载体。奶酪生产者始终探索适当的奶酪原料配比与生产工艺，从而实现对奶酪品质尤其是形成理想风味的有效管控。近些年，随着奶酪生物化学和微生物学研究的不断深入，奶酪在成熟过程中的复杂组分和相互作用机制逐渐被认知，利用高通量基因序列与代谢物分析等现代手段，创立了奶酪风味科学，不但解析了制作过程各特定工艺步骤所发挥的作用，而且还可借助这些信息建立数据库和模型，优化制造工艺，判定放行时间，降低生产费用，指导新品研发。

（2）多维评估

奶酪风味科学研究内容包括挥发性物质、非挥发性物质及风味特征动态鉴定法在内的风味分析方法，以及电子舌（味觉传感识别仪器）、不同质谱系统等奶酪风味快速评估法，从而为奶酪感官评价进一步提供科学依据。

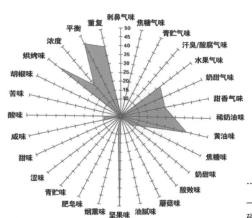

一种富有坚果味、口感温和甜润的
硬质奶酪风味雷达图

1997年，国际乳品联合会（International Dairy Federation，IDF）发布公告，对奶酪分级质量评分提出标准。有关辨别测试、描述分析、时间强度、感官分析、消费者接受度测评等内容，可参考相关文献。

2. 奶酪成熟度测定

（1）基本原理

针对成熟型奶酪，无论是半软质的，还是硬质的，常用奶酪成熟度的量化检测方法均是将成熟奶酪对碱溶液的缓冲度作为成熟度的衡量指标，操作简便易行，比较实用。原理是奶酪在老化过程中，随着成熟度增加，可溶于水的奶酪组分对碱溶液的缓冲能力也会增加，在 pH 为 8.0~10.0 时，这种缓冲作用增加得最为显著。因此，在该 pH 范围内可进行酸碱中和滴定，进而判定奶酪蛋白质等分解产物总量随成熟度加深而增加的程度。

奶酪取样测定成熟度

（2）操作方法

称取 5g 奶酪样品（粗天平即可），放入研钵中，加 45mL 的 40~45℃水，研磨成稀薄混浊液状，静止数分钟后过滤。于 2 个 50mL 的三角瓶中各加入 10mL 上述过滤液，第 1 个三角瓶中加入 3 滴 1% 酚酞酒精溶液，用 0.1mol/L 氢氧化钠滴定至微红色，消耗的 0.1mol/L 氢氧化钠为 A（mL）。第 2 个三角瓶中加入 10~15 滴麝香草酚酞指示剂，用 0.1mol/L 氢氧化钠滴定至蓝色，消耗的 0.1mol/L 氢氧化钠为 B（mL）。按下式计算成熟度：

$$奶酪成熟度 = (B\text{-}A) \times 100\%$$

3. 成熟度判定标准

正常情况下，成熟 1 个月的奶酪，其成熟度为 30~40，成熟 2 个月的为 50~60，成熟 3~4 个月的为 80~90。经更长时间充分成熟的奶酪，其成熟度达到 95~100。

羊奶酪
生产与鉴赏

Goat and Sheep Cheese
Making Practice

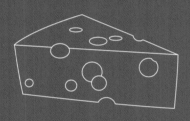

第三章
菜蓟属植物酶与羊奶酪

Goat and Sheep Cheese
Making Practice

欧洲等地利用菊科菜蓟属植物生产奶酪历史悠久。据记载，较早的法国和英国奶酪是在一种浅陶碗（mortaria）里，借助野生刺菜蓟浸泡液和酸乳清使羊乳凝固来制成。如今一些地区仍能看到用这种古老方法做成的软质奶酪。

（一）菜蓟属植物

菜蓟属（*Cynara* L.）植物为高大或低矮的多年生草本植物，次级分类为刺菜蓟（*Cynara cardunculus* L.）和菜蓟（*Cynara scolymus* L.）等。刺菜蓟与菜蓟是用于奶酪生产的最具代表性的两个菜蓟属植物品种。

...

欧洲刺菜蓟（*Cynara cardunculus* L.）

1. 属性分类

刺菜蓟（cardoon）和菜蓟（artichoke）同属野生刺菜蓟的亲本。刺菜蓟与菜蓟为近缘，植物分类同属于菊科菜蓟属的不同品种，野生刺菜蓟（*C.cardunculus var.Sylvestris*）为二者的亲本。

2. 刺菜蓟

刺菜蓟的株高可达 2m，羽状叶宽大，叶面灰绿，背面浅白，花苞最大直径 7.5cm，花头上的花蕊呈紫色细管状，而野生刺菜蓟（wild cardoon）花蕊为白色。20 世纪 90 年代，联合国粮食及农业组织（FAO）已允许用从刺菜蓟和菜蓟提取的凝乳剂替代动物凝乳酶用于羊奶酪加工生产。目前，全世界菜蓟的培育品种多达上百种。

3. 洋蓟

在中国，菜蓟被称为洋蓟，也称朝鲜蓟、菊蓟、法国百合、球洋蓟、食托菜蓟等，是不被大多数人所熟悉的一种花卉型蔬菜。因洋蓟的花苞外形酷似大松果，中国有的地方也称之为"菜松果"。中国南方一些省份栽培洋蓟，常作为观赏花卉。

洋蓟的花苞可直接鲜食、烹饪做菜或加工成罐头等。洋蓟株高 1m 左右，羽状裂叶大而肥厚，密生茸毛，花苞肥嫩，每株多个花苞，主茎上的花苞最大。与其他菜蓟属植物一样，每年 5-6 月是一年生以上洋蓟的开花期，膨大的紫绿色花苞变成盛开的花头，花头顶部长出很多紫色管状花丝（花蕊）。

未开花的中国云南洋蓟

第三章
菜蓟属植物酶与羊奶酪

中国洋蓟分布

　　洋蓟（artichoke，菜蓟）主要分布在我国河北、浙江、山东、湖南、湖北、云南、陕西等地，年洋蓟花苞生产10万t。近些年，尤以云南省昆明、曲靖、丽江等地洋蓟种植发展较快。洋蓟花苞常用于西餐配菜，国际市场年需求达180万t，目前国内种植洋蓟的主要目的是出口创汇。由于日常直接食用部位是花苞内的肥嫩苞叶和苞芯，通常是在开花前2～3d就开始采摘花苞，而生产奶酪主要是用花苞开花后的紫色花蕊，直接食用与生产奶酪两种用法的具体部位不同，因此，花苞采摘时机截然不同。

...

中国云南采摘收获的洋蓟花苞
作新鲜蔬菜或出口外销

（二）菜蓟属植物酶凝乳机制

1. 花蕊凝乳成分

刺菜蓟或洋蓟的凝乳成分（凝乳酶）主要存在于花头里的紫色花蕊中，包括雌性花蕊（花柱、柱头）和雄性花蕊（花药、花丝）。其中，雌性花蕊的凝乳成分含量较高。一般选在开花期采收花头，仔细分拣与保留全部的花蕊，经充分干燥后，制成干花蕊备用。

葡萄牙牧羊人以传统手工方法制作埃斯特拉雷山（Serra da Estrela）奶酪时，是把刺菜蓟的花蕊进行充分研磨捣碎，加水搅匀浸泡，将全部紫色浆

...

盛开的洋蓟花

状的混合物用粗布包裹起来，兜成布包，放入羊乳中反复挤压，使包中的紫色液体（凝乳剂）混入乳中进行凝乳。

2. 特殊蛋白酶

截至目前，在刺菜蓟与洋蓟的花蕊中已发现含有两类特殊的蛋白酶，均具有良好的凝乳功能，一个是刺菜蓟蛋白酶（cardosin），一个是天冬氨酸肽酶。

（1）刺菜蓟蛋白酶

刺菜蓟蛋白酶能裂解乳中 κ-酪蛋白分子中的苯丙氨酸与蛋氨酸结合位点第 105～106（Phe105—Met106）位的肽键，破坏酪蛋白胶粒稳定性而形成凝胶体。这种在不水解 κ-酪蛋白的情况下还能进行特异性裂解的独有特性，与动物凝乳酶非常相似。研究显示，在刺菜蓟蛋白酶中，A 型蛋白酶（cardosin A）活性占总酶活性的 75%～90%，是凝乳功能的主导蛋白酶。

受季节、地域、气候等影响，刺菜蓟或洋蓟花蕊的蛋白含量有一定变化。通常情况下，每 100g 花蕊含总蛋白质约 2g。其中，刺菜蓟蛋白酶含量占总蛋白质的 70% 以上，是菜蓟属植物花头中含量最多的可溶性蛋白，对凝乳起到主要作用。

刺菜蓟蛋白酶（cardosin）组成类型

刺菜蓟蛋白酶分 A、B、E、F、G、H 等 6 种类型。其中，含量最多的是 A 型，其次是 B 型，都是异质二聚体糖蛋白，优先水解疏水侧链的肽键。A 型与动物凝乳酶比较类似，有两条分子质量为 31kDa 和 15kDa 的多肽链，底物特异性高，催化效率低。B 型与胃蛋白酶相似，有两条分子质量为 34kDa 和 47kDa 的多肽链，底物特异性低，催化效率高。

（2）天冬氨酸肽酶

刺菜蓟与洋蓟中的天冬氨酸肽酶包含三种不同的蛋白酶，但都是异质二聚体糖蛋白，分子质量 49kDa，具有明显的凝乳活性和一定程度的蛋白水解特性。与动物凝乳酶相比，虽然在凝乳初期天冬氨酸肽酶的蛋白水解能力强，形成的凝乳硬度相对较低。但是，从总体凝乳效果看，天冬氨酸肽酶凝固羊乳要好于凝固牛乳，主要原因：一是该酶能够水解牛乳中的 α_{s1}- 酪蛋白、α_{s2}- 酪蛋白、β- 酪蛋白和 κ- 酪蛋白；二是该酶在后期成熟中对羊乳酪蛋白表现出比较有限的水解能力。

在刺菜蓟蛋白酶和天冬氨酸肽酶共同作用下，羊乳的凝乳速度比较快，但相比于小牛皱胃酶的凝乳时间要短。经多年评估，目前普遍认为将其作为凝乳酶用于奶酪生产是安全的，加拿大等国家卫生部门已批准允许源于刺菜蓟的天冬氨酸肽酶作为凝乳酶用于奶酪。为方便表述，下面将刺菜蓟蛋白酶、天冬氨酸肽酶合并简称为"菜蓟属植物凝乳酶"。

3. 菜蓟属植物凝乳酶两个特性

——酶活性耐受温度高

菜蓟属植物凝乳酶所形成的凝乳硬度相对较低，但其凝乳活性受温度影响并不大。pH 为 6.6 时，将羊乳温度提高到 50℃，然后再缓慢升温到 70℃ 时，菜蓟属植物凝乳酶达到最大活性。当温度超过 70℃ 时，凝乳活性迅速下降直至完全失活。另有研究结果显示，其凝乳活性达到最高时的临界温度为 68℃。酪蛋白胶粒聚集所需的最低温度为 20℃，菜蓟属植物凝乳酶在 20℃ 很难发生凝乳，但在 28~65℃，随温度的升高，其凝乳活性逐渐增强，凝乳效果比较理想。

　　总体看，菜蓟属植物凝乳酶的失活温度至少在 65℃，远高于动物凝乳酶失活临界温度 42℃。因此，可用相对较高的凝乳温度来生产奶酪，无需严格精准地控制温度，生产操作比较简单。以山羊与绵羊混合乳制成的葡萄牙拉巴萨尔（Queijo de Rabaçal）奶酪等一些传统半硬质奶酪，其凝乳温度在 30~63℃ 一个较宽的温度范围。基于这一特点，菜蓟属植物凝乳酶既可单独用于凝固羊乳，又可按小牛皱胃酶凝乳温度 32~42℃ 的任一温度，与其合用来凝固牛羊混合乳。

——凝乳 pH 范围宽泛

　　乳的 pH 直接影响凝乳效果。pH 下降能加快凝乳酶的凝乳作用，促成酪蛋白凝胶体形成。羊乳 pH 变化范围较大，通常山羊乳 pH 为 6.50~6.80（乳

…

葡萄牙拉巴萨尔（Queijo de Rabaçal）
奶酪

酸度 0.14%～0.23%），绵羊乳 pH 为 6.51～6.85（乳酸度 0.22%～0.25%）。

　　小牛皱胃酶仅适用于乳的 pH 低于 6.70 的情况，尤其是 pH 低于 6.60 时，凝固速度快、凝块硬度高。小牛皱胃酶对羊乳 pH 变化很敏感，很难凝固较高 pH 的羊乳，因此，总体凝乳效果不理想。而菜蓟属植物凝乳酶在 pH 6.30～6.80 时都能有效进行凝乳，凝固乳的 pH 适用范围更为宽泛。综合看，无论是山羊乳，还是绵羊乳，菜蓟属植物凝乳酶的凝乳效果均明显好于小牛皱胃酶，而且与羔羊皱胃酶的凝乳效果比较接近。

（三）菜蓟属植物酶提取

　　粗制的菜蓟属植物凝乳酶实验室提取方法如下。

1. 萃取与离心

　　采摘开花期刺菜蓟（或洋蓟）的花头，仅分拣出花头中的全部紫色花蕊并切碎，加适量凉水（冰水最佳）捣碎，充分搅动与振荡，进行"水萃取"，再过滤得滤液，对滤液进行第一次离心处理（转速 3 000r/min、时间 15min 以上），留取离心管上清液，废弃沉淀物。

2. 酶活保护剂

向上清液中加入食品级酶活保护剂半胱氨酸盐酸盐（L-cys）和乙二胺四乙酸（EDTA），两者添加量分别为 0.04 mol/L 和 0.004 mol/L。然后再加入乙醇，添加量为 30%～45%。检测（或调整）确认混合液酸碱度 pH 为 6.30～6.80，静置冷藏过夜。

3. 测活与得率

第二天再进行离心处理（转速 4 000r/min，时间 20min 以上），取沉淀物样品测定活力并记录。同时，对沉淀物进行真空冷冻干燥处理后，再粉碎获得粉末状的粗制凝乳酶，然后抽真空密封包装，冷藏避光贮存备用。按照前面提取方法，正常操作情况下刺菜蓟（或洋蓟）凝乳酶的成品得率约为 2%。蓟属植物凝乳酶的活力测定方法，参见本书第二章"凝乳酶"部分内容。

菜蓟属植物凝乳酶应用注意事项

粗制菜蓟属植物凝乳酶的凝乳时间一般为 30～45 min，适宜凝乳温度为 40～60℃，乳中 Ca^{2+} 最佳浓度应为 0.05 mol/L（山羊乳可适宜补加氯化钙，而钙离子浓度较高的绵羊乳一般无需加氯化钙）。生产中，这种粗制酶实际用量应根据批次酶活力测定来计算。同时，应结合羊奶酪成品预期质地与硬度以及羊乳清排除的方法与程度，调整粗制凝乳酶用量并反复试制确定。

凝乳功能与凝乳蛋白酶的活性密切相关。酶的比活力（specific activity）代表酶制剂的纯度，通常以用每毫克蛋白所含的酶活力单位数表示。

与其他凝乳酶一样，菜蓟属植物凝乳酶在分离提取过程中应保证其酶的活性与成品得率。通过测定酶活力和蛋白含量，掌握每一步分离过程酶的比活力，分析比活力的变化规律、影响因素及活性收率，最终选定活性收率最高的分离提取工艺。

（四）羊奶酪生产应用

英国、西班牙、葡萄牙、意大利等利用菜蓟属植物凝乳酶凝固绵羊乳或山羊乳来生产各式各样的奶酪品种，包括新鲜软质、半软质、半硬质和硬质奶酪，以及素食类奶酪。如英国的佩罗什（Perroche）奶酪与马尔文（Malvern）奶酪，西班牙拉塞雷纳（La Serena）奶酪，葡萄牙阿莲特茹（Alentejo）地区的埃武拉（Queijo de Évora）奶酪等。其中，埃武拉奶酪成熟期6~12个月，硬质外壳呈深黄色，内部为乳白色。

1. 典型品种

用菜蓟属植物凝乳酶进行凝乳，生产制作的几种代表性羊奶酪品种见表3-1。

第三章
菜蓟属植物酶与羊奶酪

表 3-1 菜蓟属植物凝乳酶制成的几种羊奶酪

奶酪名称	原料乳	产地	法规许可凝乳剂类型	欧盟保护生效时间
阿泽陶 (Queijo de Azeitão) 奶酪	绵羊乳	葡萄牙	刺菜蓟	
埃武拉 (Queijo de Évora) 奶酪	绵羊乳	葡萄牙	刺菜蓟	
尼萨 (Queijo de Nisa) 奶酪	绵羊乳	葡萄牙	刺菜蓟	1996年欧盟 PDO产品*
塞尔帕 (Queijo de Serpa) 奶酪	绵羊乳	葡萄牙	刺菜蓟	
埃斯特拉雷山 (Serra da Estrela) 奶酪	绵羊乳	葡萄牙	刺菜蓟	
布朗库堡 (Castelo Branco) 奶酪	绵羊乳	葡萄牙	刺菜蓟	
托洛萨 (Mestiço de Tolosa) 奶酪	绵羊乳或山羊乳	葡萄牙	动物凝乳酶或刺菜蓟	2000年欧盟 IGP产品*
拉塞雷纳 (La Serena) 奶酪	绵羊乳	西班牙	刺菜蓟	1996年欧盟 PDO产品
卡萨尔 (Torta del Casar) 奶酪	绵羊乳	西班牙	刺菜蓟	2003年欧盟 PDO产品
全花汁圭亚 (Flor de Guía) 奶酪	绵羊乳或山羊乳	西班牙加大那利岛 (Gran Canaria)	刺菜蓟	2010年欧盟 PDO产品
半花汁圭亚 (Media Flor de Guía) 奶酪	绵羊乳或山羊乳，或少部分牛乳	西班牙大加那利岛 (Gran Canaria)	≥50%刺菜蓟和≤50%动物凝乳酶	

*欧盟PDO、IPG产品，参见本书第五章"产品命名"部分内容。

菜蓟属植物凝乳酶制成的
英国佩罗什（Perroche）奶酪

...

葡萄牙布朗库堡（Castelo Branco）
奶酪

...

葡萄牙埃斯特拉雷山（Serra da Estrela）
奶酪

...

西班牙拉塞雷纳（La Serena）
奶酪

2. 与动物酶共用

　　菜蓟属植物凝乳酶的显著特性之一，就是能与动物凝乳酶（小牛皱胃酶）同时用于生产羊牛混合乳奶酪。例如，西班牙圭亚（Guía）奶酪既可以用单一的小牛皱胃酶凝乳制作，同时，按照小牛皱胃酶与刺菜蓟植物凝乳酶所用比例不同，又分成全花汁圭亚（Flor de Guía）奶酪和半花汁圭亚（Media Flor de Guía）奶酪两个品类。

...

不同凝乳方法的西班牙圭亚（Guía）奶酪
三种奶酪均产自西班牙的大加那利岛（Gran），而且都是以岛上纯种的加那利（Canaria）绵羊乳为主要原料，与岛上的山羊乳部分混合而制成。其中，顶部奶酪是用小牛皱胃酶制成的圭亚（Guía）奶酪，中间奶酪为菜蓟属植物凝乳酶与小牛皱胃酶共同使用制成的半花汁圭亚（Media Flor de Guía）奶酪，而底层大块奶酪则是仅用菜蓟属植物凝乳酶制成的成熟型全花汁圭亚（Flor de Guía）奶酪，可见内部黏稠的质构状态。

当同时使用两种凝乳酶时，无须预先混合。菜蓟属植物凝乳酶和小牛凝乳酶可同时加入原料乳（羊乳与部分牛乳的混合乳）中，实际凝乳温度可按动物凝乳酶适宜温度（37~41℃）进行管控。针对同一个原料乳的重量，按照两种凝乳剂预先测定的各自活力分别计算添加量后，菜蓟属植物凝乳酶按其计算用量的一半以上加入，而动物凝乳酶（小牛皱胃酶）则按其计算用量的一半以下加入。

3. 品质与特征

用菜蓟属植物凝乳酶制作的奶酪，通过老化成熟，能形成很好的物理、化学、微生物和感官变化，赋予羊奶酪特殊的香气和风味。以绵羊乳为原料的葡萄牙埃斯特拉雷山（Serra da Estrela）奶酪，口感绵密顺滑，微微泛甜，成为葡萄牙美食之一。已获原产地保护 PDO 标志的西班牙卡萨尔（Torta

...

西班牙卡萨尔 (Torta del Casar)
奶酪

del Casar）奶酪主要是以美利奴（Merino）羊乳为原料（个别时候也加少量的牛乳），用菜蓟属植物凝乳酶凝固而制成，这种半硬质羊奶酪经 2 个月成熟后，奶香浓郁醇厚、味道独特，由于产量很少，更显稀缺珍贵。

（1）流体特性

用菜蓟属植物凝乳酶生产的羊奶酪，都具有特殊感官特征和流体学特性。除新鲜奶酪外，这类奶酪经过老化成熟后，都有一个共同特点，即内部组织结构几乎都呈现黏稠的糊浆状态，质地油润，口感顺滑，成为这类奶酪的典型特征与特色，剥开外皮，即可用小勺挖着吃，美美享用。

...

西班牙卡萨尔（Torta del Casar）奶酪

第三章
菜蓟属植物酶与羊奶酪

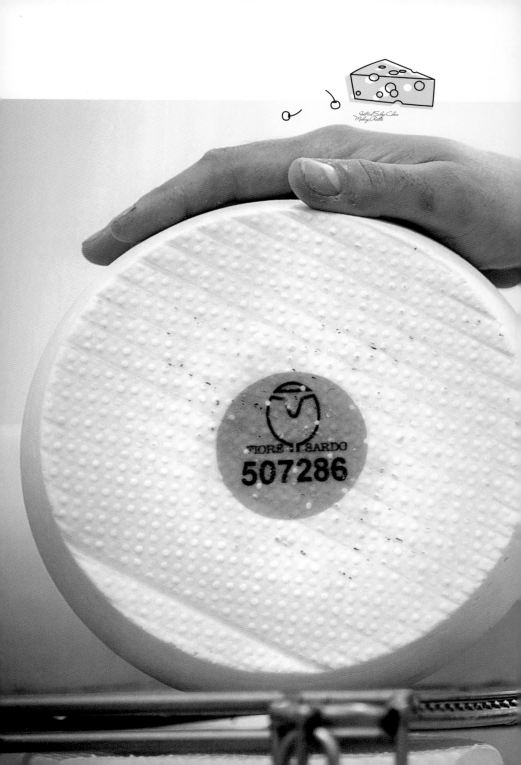

带模具纹理的
意大利撒丁岛费欧洛·沙多（Fiore Sardo）
奶酪

凭借悠久的传统制作技艺，以及特殊的流体特性和风味，按照欧盟法规（EU No.1151/2012）对农产品和食品评价细则的要求，用菜蓟属植物凝乳酶制作的羊奶酪中，葡萄牙与西班牙已分别有6种和4种产品获得了欧盟原产地保护（PDO）。

欧盟法规（EU No.1151/2012）与特色农产品

　　欧盟一项关于农产品和食品质量计划的法规（EU No.1151/2012），规定了传统特色农产品等质量术语、特征条件、应用标准、认可规则等，旨在引导特色农产品规范生产，为小农生产者提供自愿选择性的法规支持，同时，保护具有原产地特色的农产品不断发展，包括一些传统奶酪产品。

（2）风味特点

　　用菜蓟属植物凝乳酶生产的羊奶酪，经成熟后，虽然略带轻微苦味和辛辣味，但是，与小牛凝乳酶（或微生物凝乳酶）生产的羊奶酪相比，这种微弱苦味和辛辣味不但显得微不足道，而且在成熟后期反倒增强了羊乳特有的芳香浓郁风味与悠绵醇厚口感。原因是在奶酪成熟阶段，菜蓟属植物凝乳酶与羔羊皱胃酶一样，表现出恰到好处的蛋白水解程度与水解速度。

（3）花蕊品控

　　用刺菜蓟（或洋蓟）花蕊制备菜蓟属植物凝乳剂时，其凝乳剂活性以及能否实现成熟特征预期，常受到不确定因素影响。所用刺菜蓟（或洋蓟）的生态类型、地域品种、花苞成熟度、采摘时机，以及干燥条件、干花蕊水分含量等，会导致凝乳活性方面的差异，从而影响羊奶酪的产量、质地和风味。

为保证奶酪品质稳定，避免批次产品质量差异，须通过筛选试验，确定刺菜蓟或洋蓟的品种类型，规范种植栽培、田间管理、花期采摘、花蕊分选、干燥处理等重要环节。针对小规模羊奶酪生产，谨慎掌控菜蓟属植物凝乳酶活性变化，建立全程标准操作程序，使花蕊的凝乳成分有效含量始终处于可控状态，从而获得稳定的羊奶酪品质和产量。

（五）洋蓟羊奶酪制作

利用国产洋蓟花蕊自行制取菜蓟属植物凝乳剂，直接用于凝固羊乳（山羊乳或绵羊乳），可进行批量手工羊奶酪研制和生产，简单实用，方便易行。半硬质或硬质羊奶酪生产过程概括如下。

1. 制备干花

洋蓟凝乳酶主要存在于花蕊中，在开花期的含量达到最高。选择洋蓟开花期，采集洋蓟花头，刨开花头，仔细分拣和选出其中的全部花蕊（紫色丝状物），收集鲜花蕊，薄薄平铺，在常温（25~35℃）条件下自然晾干。经

...

洋蓟紫色花蕊

30～60d 晾干，制成洋蓟干花蕊，密封保存备用。晾干过程要避免阳光直射和防止雨淋或潮湿，定期翻转，预防花蕊发霉和酸败。

2. 干花水浸

受晾干过程的影响，洋蓟干花蕊中的凝乳酶活性要比鲜花蕊的降低 25%。应用干花蕊来生产半软质、半硬质或硬质的成熟型羊奶酪，一般每升羊乳，需洋蓟干花蕊为 0.2～0.6g。结合奶酪成品的预期硬度，可大致预估洋蓟干花蕊的用量。若用洋蓟鲜花蕊与水制成浆状混合液来凝固 1L 的羊乳，需洋蓟鲜花蕊为 0.15～0.45g。

生产实例表明，取 50g 洋蓟干花蕊，充分捣碎，浸泡于 1 升的纯净水中，保持浸泡 24h（1d），再经过滤，弃掉碎渣，收集深紫色的水浸液存于容器备用。该水浸液用来凝固 10L 羊乳，可制成半软质羊奶酪；凝固 30L 羊乳，经充分压榨，可制成硬质羊奶酪。当开始成批量地连续生产制作奶酪时，可对洋蓟干花蕊凝乳酶活性进行测定（方法参见本书第二章"凝乳酶活力测定"部分内容），以满足规范生产操作需要。

3. 凝乳与管控

加入水浸液之前，将原料羊乳的温度控制在（36 ± 2）℃。按每升羊乳添加 10mL 的比例，加入上述洋蓟干花蕊的水浸液，搅拌均匀后，保持静置 45～60min，促进生成凝乳，并通过奶酪槽（缸或罐）夹层热水的保温，使羊乳温度保持在 34～38℃。

凝乳过程大致分两个阶段。在前 25～30min 内，羊乳开始变得越来越浓稠，静止 45～60min 时，羊乳呈现凝固状态。临近凝乳终结时间点（在45min 左右）时，每间隔 3～5min 用刮铲（刀）在羊乳表面划切小口，观察凝乳切口状态。当能短暂保持刀切形状或刀切缝隙处略现极少的乳清时，即凝乳完成。

4. 切割与装模

完成凝乳，开始切割。用间距（间隙）2.5cm（或 3.5cm）的凝乳切刀（curd knife）分水平、垂直方向开始缓慢切割凝乳，使其变成凝乳块。停止切割后，再静止 5～10min，促进乳清析出。然后将全部凝乳置布袋内进行过滤后转入带孔模具（或将凝乳块直接转入模具），再手工挤压或机械压榨排除乳清，使凝乳块按模具的形状成型，完成奶酪的定型。提示：选用水平和垂直的金属（丝）切刀的间距（间隙）越大，凝乳块越大，成品水分含量越高；反之，成品水分就越低。

5. 盐渍与成熟

定型脱模后，经一定时间晾干（依奶酪成品水分含量和硬度需要，一般为 6h 至 7d 不等），置于浓度 16%~18% 食盐溶液中进行盐渍，至少保持约 4h（绵羊奶酪盐渍时间要比山羊奶酪延长 1~2h）。将奶酪转入成熟库内（温度 5~10℃、相对湿度 85%~90%），约经 60d 老化成熟，制成半硬质或硬质羊奶酪。

6. 特别说明

需要特别说明的是，欧洲传统手法制作洋蓟羊奶酪，大多属农家作坊小规模生产，其原料乳是不经杀菌的，也不加乳酸菌发酵剂。但是，如果采用工业化生产洋蓟羊奶酪，由于批次收集与处理的羊乳数量较多，考虑到贮存时间和温度对羊乳卫生指标的影响，通常需在前预处理阶段对羊乳增加一道巴氏杀菌工序。是否需要增加乳酸发酵环节，依奶酪成品预期风味类型而定。

（1）杀菌

预先将原料羊乳进行间歇式巴氏杀菌 [(63±1) ℃、30min]，然后冷却至（36±2）℃，再开始凝乳工序（加入洋蓟干花蕊水浸液）。提示：若增加间接式巴氏杀菌工序，依风味不同，奶酪成熟期可少于60d。为减少奶酪成品得率的损失，不宜采用72℃、保持15s等其他杀菌工艺。

（2）发酵

若需要添加乳酸菌发酵剂进行发酵，则待羊乳经间歇式巴氏杀菌并冷却至（36±2）℃时，按原料羊乳重量的1%～3%加入乳酸菌发酵剂。提示：增加乳酸发酵，可形成酶凝乳与酸凝乳的双凝固效应，加快乳清排除速度，缩短凝乳全程用时，有利于提高凝乳块和奶酪成品的硬度。

牧羊人传统手工羊奶酪

地中海地区一些牧羊人习惯用不杀菌的羊乳，以手工方式制作传统羊奶酪。具体做法是把刺菜蓟的鲜花蕊放入木质研钵中进行充分研磨和捣碎，加适量水搅匀，制成紫色浆状混合物，然后用布将混合液包裹，兜成布包，连同少量已析出的紫色滤液一起放入温热羊乳（约35℃）中用手反复挤压布包，使包中紫色液体（凝乳成分）混入乳中，盛乳容器加盖后摆放于炉火附近静止，开始凝乳。

上述靠近炭火的做法，既能做到缓慢升温，又能保证乳温不超过酶的失活临界温度65℃，酷似中国清代宫廷奶酪（扣碗酪、米酒酪）加热升温方式。之后再将凝乳分装到若干个侧壁带小孔的圆形模具内，用手不断按压凝乳团，充分排除乳清，脱模后成圆饼形，进行贮存和成熟。

羊奶酪
生产与鉴赏

*Goat and Sheep Cheese
Making Practice*

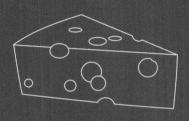

第四章
羊乳清综合利用

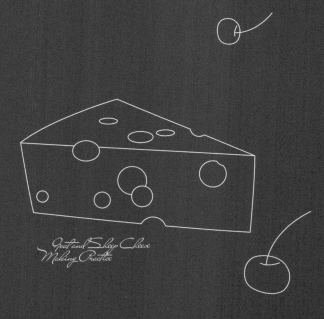

Goat and Sheep Cheese
Making Practice

如何利用生产羊奶酪时所产生的相当数量乳清，对于国内羊乳企业特别是中小型羊乳企业来说是一个非常现实的问题。研制羊奶酪的同时，必须同步考虑羊乳清的有效利用。这方面我们有深刻的历史经验教训。

中国海伦羊奶酪

20世纪80年代初，东北农学院（今东北农业大学）、黑龙江省海伦县（今海伦市）乳品厂等联合研发山羊奶酪，并且通过了省部级技术鉴定。1981年开始在黑龙江省海伦县乳品厂批量生产，命名"海伦奶酪"，年产60多t，产品供应到北京饭店和首都几家涉外商店，很受欢迎。这是中华人民共和国成立后，我国第一个自主创立的羊奶酪品牌。但是，受当时的技术条件制约，奶酪副产品乳清无法充分利用，除极少量用于冰棍生产外，大部分乳清被排放掉，致使羊奶酪的成本较高，价格居高不下，严重影响了市场拓展，导致后来生产停滞。由此可见，羊乳清的综合利用是保证羊奶酪持续生产经营的重要前提。

（一）羊乳清

简单说，乳清是原料乳经凝乳剂（凝乳酶或酸）凝乳后，分离出的半透明浅黄色或浅绿色液体。除新鲜奶酪外，通常10kg山羊乳，大致可生产1kg奶酪和9kg乳清；10kg绵羊乳，大约可生产2kg奶酪和8kg乳清。

1. 甜乳清与酸乳清

按照所产奶酪的不同方法，乳清大致可分为甜乳清和酸乳清两类。甜乳清是指经凝乳酶凝结制作奶酪时所产生的乳清，酸乳清是指经酸凝结乳蛋白质后所产生的乳清。与酸乳清相比，甜乳清的酸度较低，一般折合乳酸度约0.16%，酸碱度约 pH 5.6。大多数的乳清产品都是以甜乳清为原料而制得，因此，甜乳清的加工利用也是本部分的重点介绍内容。除特别说明外，通常所说的乳清是指甜性乳清。

2. 主要成分与特性

通常羊奶酪副产物乳清的总固形物含量 6.0%～7.5%，乳清蛋白0.7%～0.8%，乳脂肪 0.4%～0.6%，乳糖 3.5%～4.5%，矿物质 0.9%～1.2%，还有镁、锌、磷等多种矿物质及维生素 B_1、维生素 B_6、维生素 B_{12}、泛酸等。乳清中含有的营养成分基本都是可溶性的。

…

奶酪槽中的山羊乳经凝乳酶凝乳后乳清开始分离（见表面浅黄色液体）

乳清最显著特点之一就是乳糖含量高，占原料乳的乳糖总量70%以上。乳清中的蛋白质主要包含β-乳球蛋白、α-乳白蛋白、血清白蛋白、免疫球蛋白等，约占原料乳总蛋白质的20%，这些蛋白质不仅容易消化吸收，而且代谢率高，具有很高的营养价值，是人体所需的优质蛋白质。

乳清的酸度很容易升高。奶酪生产制作过程中所添加的发酵剂能将乳糖转化成乳酸。伴随凝乳的生成和乳清的排出，发酵剂中的一部分微生物菌株也会存在于乳清中，并很快起到发酵作用，使乳清的酸度不断升高。因此，生产羊奶酪所形成的乳清，应尽快进行生产加工处理，防止乳清过度酸化。

3. 乳清制品应用

随着现代食品加工技术发展，特别是反渗透、纳滤、超滤、微滤等膜滤技术在奶酪制造业的应用，分离提纯乳清中各种营养组分的技术日趋成熟，

...

中国陕西红星美羚乳业股份有限公司羊乳清脱盐设备（左）
与生产的脱盐羊乳清粉（右）

全面实现乳清的综合利用，乳清衍生制品越来越丰富，成为乳制品深加工的重要组成部分。

除生产乳清奶酪外，乳清的深加工产品还包括乳清粉、脱盐（或部分脱盐）乳清粉、浓缩乳清蛋白、乳糖、乳清稀奶油等，以及乳白蛋白、乳球蛋白、乳过氧化物酶等，在食品、医药、化工、饲料等领域应用广泛。其中，脱盐乳清粉是生产婴幼儿配方乳粉的主要原料之一。

现代乳清制品的加工需要较为先进复杂的成套设备和精准的工艺控制技术，同时，需要有足够量的乳清持续供给，以实现生产的连续化，因此，生产设备投资较大，还要有稳定的奶酪市场需求，以带动其副产品乳清生产。有关技术内容读者可参考其他相关文献，在此不尽述。

（二）羊乳清奶酪

客观说，在羊奶酪研发生产初期，由于受项目建设资金、市场开拓与消费培育等各种因素制约，一方面羊乳的日处理加工能力和羊奶酪总产能不可能很大；另一方面，众所周知的羊乳清经电渗析、离子交换等脱盐处理生产脱盐羊乳清粉等技术途径，在短期内不易实施。因此，研制生产羊奶酪所产生的乳清，实现就地加工生产各种乳清奶酪（whey cheese），针对研发初期就显得尤为重要，对于丰富奶酪产品种类，同步进行乳清奶酪市场开发，提高羊乳的综合利用率，有效降低生产综合成本，促进羊奶酪业可持续发展，具有重要意义。

...

日本北海道札幌
意式乳清奶酪

下面介绍几种乳清奶酪生产方法，包括里科塔（Ricotta）奶酪、杰托斯（Geitost）奶酪、米齐特拉（Mizithra）奶酪和安托蒂罗（Anthotiro）奶酪。重点以里科塔奶酪为例，详尽描述其制作工艺、技术指标等，同时，扼要介绍杰托斯奶酪、米齐特拉奶酪等生产技术要点、产品特点和食用方法，为研制生产乳清奶酪提供借鉴。希腊有一种用羊乳清制成的辛诺托（Xynotyro）奶酪，详见本书第六章。

1. 里科塔（Ricotta）奶酪

里科塔（Ricotta）奶酪是一种新鲜软质奶酪，最早出现在意大利，是典型的乳清奶酪。Ricotta，意大利语是"再煮制"的意思。拉丁美洲和北美的西班牙人常把里科塔奶酪称为"Requeson"。有时，里科塔奶酪还被人们称为"球蛋白奶酪"。

...

意大利里科塔（Ricotta）
奶酪

（1）类型与特点

——技术起源

起初，意大利人为了更好地充分利用马苏里拉奶酪的副产物乳清，将部分乳清重新加入马苏里拉奶酪制作工序的同时，发明了里科塔奶酪的传统生产工艺。

里科塔奶酪是奶酪业的副产品，主要用乳清来制作。制作山羊奶酪和绵羊奶所产生的乳清都可用来制造里科塔奶酪，全球已经形成很大的规模产量。传统方法加工原理是通过对乳清进行加热，使乳清中的蛋白颗粒发生热变性，并相互作用结合在一起形成凝乳团，再排除水分制成里科塔奶酪。

乳清中的蛋白质含量直接影响凝乳效果和速度，甚至决定能否形成良好的凝乳团，因此，保证乳清原料中有足够的乳蛋白质很重要，实用方法是加

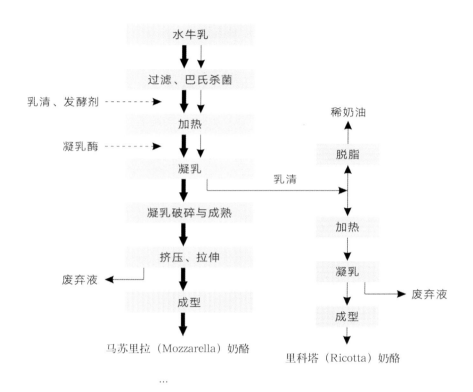

意大利马苏里拉奶酪、里科塔奶酪
典型制作工艺流程示意图

入一定数量的羊乳，还可用总固形物 36% 的浓缩羊乳清来制作里科塔奶酪。

　　现如今，世界各地的里科塔奶酪不仅可以用乳清来制作，而且可以用全脂或脱脂牛乳以及牛乳和乳清的混合物作为生产原料。总体看，以乳清为主要原料的里科塔奶酪，欧洲一些奶酪生产国家都在生产，美国里科塔奶酪的主产区是威斯康星州和纽约州，说明里科塔奶酪与其他奶酪的生产密不可分。

——品种分类

里科塔奶酪大致分为三种类型。①乳清型里科塔或脱脂里科塔奶酪：以乳清或与脱脂乳的混合物为原料，成品奶酪的水分含量不超过 82.5%，乳脂肪含量少于 1%。②全脂里科塔奶酪：以全脂乳为主要原料，成品奶酪的水分含量不超过 80%，乳脂肪含量不少于 11%。③半脱脂里科塔奶酪：以半脱脂乳为主要原料，成品奶酪水分含量不超过 80%，乳脂肪含量 6%～11%。

——产品特点

里科塔奶酪一般呈纯白色，表面带有模具形成的特征纹理，有许多细小的砂糖一样的颗粒，质地松软微湿，给人以淡淡的、甜甜的口感，并赋有天鹅绒般的软绵丝滑感。全脂或半脱脂里科塔奶酪呈现软质奶油状，有一种令人愉悦的微甜味或焦糖味；而乳清型里科塔奶酪风味柔和，呈现甜甜的水果味道。

（2）生产工艺要求

结合前面的里科塔奶酪工艺流程图，下面介绍具体的三个制作环节、五个操作要点和关键控制参数。

——重要前提

按照传统的里科塔奶酪制作手法，为确保形成凝乳团，使生产顺利进行，作为主要原料的羊乳清中需要加入 5%～25% 的全脂羊乳或脱脂羊乳，且乳清不作除脂处理，乳清中的脂肪完全保留，也无需对乳清进行脱盐处理。为确保制作过程中能够如期实现凝乳形态和凝乳团，关键前提条件是在原料乳清中加入 5% 以上的全脂羊乳（或 1% 以上的脱脂羊乳粉）。实际生产中，管控好这一环节非常重要，决定乳清型里科塔奶酪能否顺利制成。

——最佳酸度

如前所述，起初用于制造里科塔奶酪的原料来自制马苏里拉奶酪的副产物——乳清。随着奶酪生产技术的发展，牛乳、山羊乳、绵羊乳等各种类型乳清（甜乳清）相继用于奶酪生产，无论是何种奶畜的乳清，只要其乳清的初始滴定酸度——乳酸度小于或等于 0.16%（折合滴定酸度约 17.80°T），且 pH 大于或等于 6，原则上都可以直接用来制作里科塔奶酪。生产实践表明，原料乳清的初始乳酸度处于 0.13%～0.14%（14.4～15.60°T）时，是制作里科塔奶酪的最佳起始酸度。

——加热凝乳

意大利传统方法将乳清或乳清与乳的混合物均匀预热至40～45℃，加入（或不加）食盐，再将混合物置于设有加热功能且精确温控装置的开口容器（如夹层罐、缸、槽）中，在45～60min内，匀速升温加热至80～85℃。提示：升温速率低的情况下所形成的凝乳状态，要好于升温速率高的情况。然后用食用酸（醋酸）徐徐混匀加入混合物中，缓慢搅拌，混合物的酸碱度调整至pH6.0后，停止搅拌，保持温度稳定，开始静止15min以上（非常关键），促进凝乳团形成。将浮至液面的凝乳团小心捞出，置于带孔隙的特定模具中，滤除水分，进行沥干（15min至数小时不等，取决于预期质地硬度）。最后对凝乳块进行冷却、包装和冷藏贮存。

——中和处理

生产中，如果遇到乳清原料的起始酸度过高，要先降低原料乳清的酸度，可用浓度 25%NaOH 对乳清进行中和，调整其酸碱度大于 6.5（一般

pH6.9～7.1）。中和调节到适宜的 pH，可以最大限度地避免蛋白质过早局部聚集，减少凝结程度不一致的情况发生，缩短单位批次的凝乳时间差，保证生产效率。同时，还能使最终形成的凝乳块均匀致密。

——调整成分

当中和后的乳清加热至 65～70℃时，开始加入相当于乳清原料总重量5%～25% 的全脂羊乳或脱脂羊乳，将乳清与乳的混合物加热至 75～80℃。虽然乳清原料中的少量脂肪得以全部保留，但为了进一步增加成品的乳香风味和营养价值，在这一步骤有时还要加入适量的稀奶油。接下来加入 0.5% 的食盐并继续加热至 85～95℃。

...

意大利奶酪工匠小心捞出凝乳团装入模具
制作里科塔（Ricotta）奶酪

——促进凝固

食盐可使蛋白质脱水，并打破乳清蛋白的稳定性，促进凝乳的形成。为控制成品的食盐量，有时生产中也可用食品级 $CaCl_2$ 替换食盐，而且有益进一步增加凝乳团的致密度。乳清蛋白质凝结的理想酸碱度为 5.6~5.8，加盐完成后，加入约占原料乳清重量 1.5% 的食品级醋酸（浓度 3.85%），促使乳清与乳的混合物开始形成凝乳团。

——保证质地

通常凝乳团要在热的乳清液中保持浸泡约 1h，以增强质地硬度，同时，进一步排出凝乳团中的乳清（此时主要是水分）。漂浮于液面的凝乳团可用长柄勺轻轻小心捞出，也可采用由容器（缸或槽）底部排出乳清的方式，获得滞留在容器底部的凝乳团。

（3）成品率与营养

100kg 的羊乳清，再加入 5kg 全脂羊乳，在正常操作情况下，最终可制成约 5kg 的新鲜里科塔奶酪成品。生产实例表明，当乳清混合物加热到约 88℃ 并恒定保持在该温度时，里科塔奶酪成品得率最高。

当乳清产量较大且日均数量比较稳定时，应运用现代超滤连续化生产集成技术，配置成套的自动化机械设备，进一步提升里科塔奶酪生产效率、成品得率和产量。

全脂里科塔奶酪生产要点

通常是在加热前将全脂乳的酸碱度调节至 6.0（或滴定酸度折合乳酸 0.30%~0.31%），最好再加入适量的乳酸菌发酵剂。①在加热过程中，按每千克乳先后加入 1.8g NaCl、0.2g 稳定剂（卡拉胶或槐豆胶），避免产生过多泡沫。②当温度达到约 76℃时，用宽刃刮铲伸进乳中划动，随时观察判断凝乳形成状态，同时继续加热至 80℃，生成第一次凝乳块。提示：不要触碰已漂浮起来的小松软凝块，确保其在混合液中滞留 10min，自然凝聚。该过程还要随时将贴近容器边缘或侧壁的稍大一点的凝乳块小心地移向中心位置。确保浸泡 15min 后，将凝乳块从液面捞出。③继续加热混合液至 85℃，按 0.12g/kg 的比例再加入柠檬酸粉，使混合液的酸碱度降至 pH5.4，促进第二次形成凝乳，直至将剩余的凝乳块全部捞出。④凝乳块经冷却后即可包装。如果采用超滤等机械化连续生产手段，通常 100kg 的乳可生产全脂里科塔奶酪 14.45~15.11kg。

按照前面介绍的里科塔奶酪典型工艺制作方法，所得到 3 种类型成品主要营养成分指标见表 4-1。

表 4-1　里科塔奶酪主要营养成分（每 100g 中）

成分	乳清型	全脂型	半脱脂型
水分/g	77.0	72.0	74.5
乳脂肪/g	2.5	13.0	8.0
乳蛋白质/g	16.0	11.0	11.5
乳糖/g	3.5	3.0	5.0
灰分/g	1.0	1.0	1.0
能量/MJ	0.42	0.73	0.58

（4）保质期与食用方法

由于水分、乳糖的含量较高，通常里科塔奶酪的保质期较短。经包装并在 2～4℃冷藏时，其保质期一般为 10～21d。每块成品采用抽真空包装，如若再装入充有氮气的外包装密闭容器，并在 2～4℃冷藏条件下进行贮存和运输，有益进一步延长保质期。生产环境、设备设施、包装形式、操作人员以及储运条件等满足质量卫生保障条件时，其保质期可达 70d。

北美洲、欧洲等地的里科塔奶酪是以雪白色的新鲜奶酪形态在商店出售，外观酷似反扣起来的小盆，也有装在塑料杯（桶）内出售的，风味清淡且甜润，质地呈松散，呈颗粒状，有柑橘水果味香气，给人清新愉悦之感。里科塔奶酪在意大利式面食使用较多，可用于烘焙食品，也可配上蓝莓酱、槐花蜂蜜或与番茄一起制成"Ricotta"酱等，涂抹在面包上直接食用。

...

意大利里科塔·罗马诺（Ricotta Romana）
奶酪

第四章
羊乳清综合利用

...

3 种不同风味的葡萄牙乳清奶酪（Requeijão Português）

葡萄牙有一种以羊乳清做成的新鲜奶酪，称葡萄牙乳清奶酪（Requeijão Português），与意大利里科塔奶酪很相似，呈白色或白黄色，软质或半软质，味道甜润，咸味重。按不同奶酪所产生的原料乳清，葡萄牙乳清奶酪又分成许多不同品类，装在密封塑料容器出售。可搭配南瓜酱、蜂蜜一起做成三明治等。

2. 杰托斯（Geitost）奶酪

（1）山羊乳清原料

杰托斯（Geitost）奶酪起源于挪威，也称挪威乳清奶酪（Norway Mysost）或"棕色奶酪"，在挪威家喻户晓。Geitost，挪威语是山羊奶酪。杰托斯奶酪主要以山羊乳清为原料，有的也加入少量的山羊乳、山羊乳稀奶

…

杰托斯（Geitost）奶酪

油或牛乳。由于选定原料的不同，挪威各地有许多品类的杰托斯奶酪，其共同点都是以山羊乳清为主要原料（山羊乳清占50%以上），一般为半软质或半硬质奶酪。

（2）生产制作要点

杰托斯奶酪主要生产过程是将羊乳清混合料置于容器内，以小火加热升温至煮沸，并不停搅拌，直至蒸发掉大部分的水分，乳清混合物开始变得黏稠。不同品类，水分的蒸发程度不同，一般水分为45%～55%。加热蒸发过程中，乳清中的乳糖逐渐发生褐变，形成杰托斯（Geitost）奶酪特有的奇妙焦糖风味，颜色逐渐呈现棕色。将热而稠的半流体状乳清混合物转入特定模具中进行冷却并成型，然后脱模和包装与出售。通常杰托斯奶酪乳糖含量比较高（约28%～38%），不易腐败。

（3）产品特征与食用方法

杰托斯奶酪外形为方块状或圆饼状，重量250～500g或以上不等，无表皮硬壳，呈深褐色、暗棕色，或橙黄色、浅黄色，质地均匀致密，柔软有弹性，易切成片，口感嫩滑，有一种非同寻常的浓郁芳香气味，或浓或淡的焦糖味很是诱人，甜甜的味道深受挪威人欢迎，尤其是少年儿童的酷爱，孩子们常将挪威羊乳清奶酪当作糖果吃。杰托斯奶酪可用于佐餐直接食用，或切成薄片与面包搭配作早餐，也可用于烹饪和制作沙拉，或制成调味酱、烘焙糕点、奶酪火锅等。

3. 米齐特拉（Mizithra）奶酪

（1）绵羊乳及其乳清原料

米齐特拉（Mizithra，Myzithra）奶酪起源于希腊，历史悠久，被认为是希腊乳清奶酪的始祖。希腊境内几乎都是丘陵地形，石灰岩土壤多，适合饲养山羊和绵羊，羊奶资源丰富。早期传统的米齐特拉奶酪仅以绵羊乳的乳清为原料，用不杀菌方法来制作，是一种羊乳清型软质新鲜奶酪。现如今已采用间歇式巴氏杀菌处理，而且山羊乳的乳清也可以用作原料。与希腊自然环境相似的地中海岛国塞浦路斯也有一种味道甘甜而柔软的羊乳清奶酪，称阿纳里（Anari）奶酪，其制作手法与米齐特拉奶酪相似。

...

超市中的米齐特拉（Mizithra）奶酪

（2）生产制作要点

以部分绵羊乳的乳清和全脂绵羊乳为原料，按照 1 ：（2.5～3.0）的比例混合，如 100kg 绵羊乳添加约 30kg 的乳清。通常用夹层容器（如夹层锅或夹层罐）先把绵羊乳加热到 80℃，然后按比例加入绵羊乳的乳清，缓慢搅拌的同时，逐渐降低升温速度，控制温度在 85～90℃，静置，蛋白逐步开始凝固，聚集成凝乳团。

待乳清变得较为透明时，停止加热，将凝乳团转入布袋（或多层纱布）滤除乳清，收集全部凝乳团置于浅底的操作槽内（或四边有围沿的工作台上），依不同风味，添加适量食盐粉，混合均匀后，称重与包装，入库冷藏及销售。新鲜的米齐特拉奶酪保质期只有几天时间。提示：把制作过程中所排出的乳清收集起来，可再利用，投入下批次制作奶酪。这种略微酸化的乳清，能够起到酸化剂的作用，提高乳团的凝固速度和质地，形成酸香口味的米齐特拉奶酪。

（3）产品特征与食用方法

米齐特拉奶酪颜色白润，质地柔软，呈温和的乳香风味，略带酸味或咸味。一般贮存保存于大桶容器中，在商店柜台称重零售。可用于涂抹面包，制成甜饼干，或制作浇头沙拉和面包房的奶酪蛋糕，还可加入食盐粉调成酱，制成居家厨用佐料或蘸料。一些希腊餐厅用其制作成一种芝士派、甜芝士馅饼等。

希腊两种特殊米齐特拉（Mizithra）奶酪

在希腊的克里特岛（Crete），用羊乳和羊乳清生产出来的新鲜米齐特拉奶酪需要经过轻度的短暂发酵，称为酸味米齐特拉

（Sour Mizithra）奶酪，其风味、颜色与意大利里科塔（Ricotta）奶酪相似，当地人常用作早餐或开胃品。

希腊市场上还能见到一种成熟的硬质米齐特拉奶酪，以羊乳清与羊乳的混合物为原料，质地坚硬，咸味较重，希腊人称其为干制米齐特拉（Dried Mizythra）奶酪，可磨碎作调味品食用，撒在面条上或调配成沙拉，与帕玛森（Parmesan）奶酪的吃法相似。

…

研碎装盒的干制米齐特拉（Mizithra）
奶酪

4. 安托蒂罗（Anthotiro）奶酪

（1）希腊"花奶酪"

安托蒂罗奶酪起源于希腊，是一种传统的希腊乳清奶酪，已有几百年的历史，希腊各地都有生产。Anthotiro 的意思是"花奶酪"，形容该种奶酪具有新鲜花草特殊香气。传统方法是用未经巴氏杀菌的绵羊乳或山羊乳与两者乳清的混合物来制成。现如今，大多以绵羊乳为主要原料，加少量绵羊乳清。

（2）生产制作要点

安托蒂罗奶酪的制作方法与希腊米齐特拉（Mizithra）奶酪基本相同。可参照上文米齐特拉奶酪生产工艺介绍。一般情况下，安托蒂罗奶酪成品的乳脂肪含量约为 20%，钙含量约为每 100g 中 318mg。

...

安托蒂罗（Anthotiro）
奶酪

（3）产品特征与食用方法

安托蒂罗奶酪属于软质或半软质新鲜奶酪，一般成熟期仅为 3～4d。无表皮，质地干爽呈白色，结构柔软，似奶油状，味道甜润，无咸味，富有迷人的花草香味。可与蜂蜜和水果一起作为早餐食用，也可与番茄和野菜调拌食用，还可作为各型糕点的烘焙配料用。有的制成圆锥形或球形，或切小块浸泡于橄榄油中，密闭贮存，风味绝佳。

（三）羊乳清奶酪主要成分指标

在此介绍一种在产品研发中确定羊乳清奶酪主要成分指标的简易方法。

1. 浓缩倍数

一般情况下，羊奶酪副产品羊乳清的总固形物含量 6.0%～7.5%，乳蛋白0.7%～0.8%，乳脂肪 0.4%～0.6%，乳糖 3.5%～4.5%，矿物质 0.9%～1.2%。产品研发中，可以根据成品的预期水分含量（质地软硬程度）测算其他主要成分指标。方法是按成品预期总固形物含量，计算乳清（或乳清混合物）的浓缩倍数（浓缩比），再将乳清原料中的蛋白、脂肪、乳糖等含量分别乘以这个浓缩倍数。

2. 测算示例

假定羊乳清奶酪的预期成品水分含量为54%，其总固形物含量即（100-54）/100=46%，取乳清各成分值为总固形物6.0%、乳蛋白质0.75%、乳脂肪0.50%、乳糖4%、矿物质0.9%。推算浓缩比为46/6=7.67（倍数），成品的乳蛋白质为5.75%（0.75×7.67）、乳脂肪3.84%（0.5×7.67）、乳糖30.68%（4×7.67）、矿物质6.90%（0.9×7.67）。

3. 提示说明

上述测算示例不包含羊乳清中加入全脂羊乳、稀奶油等混合料的情形。否则，应按混合料的测定指标值进行推算。掌握乳清奶酪成品主要成分含量的简易推算法，可为制订研发方案中的成本分析与经济测算提供参考。

需要指出的是，在实际工作中，羊乳清奶酪的成品主要成分指标，应该是在确立工艺参数与生产流程后，以足够试制品经检测分析数据为确定依据，并在初期生产中不断验证和校正，从而最终确定羊乳清奶酪主要成分指标。

羊奶酪
生产与鉴赏

Goat and Sheep Cheese
Making Practice

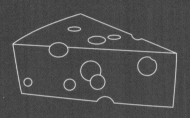

|

第五章
羊奶酪研发注意事项

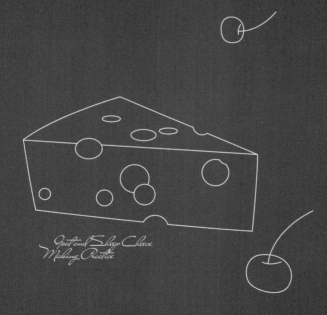

Goat and Sheep Cheese
Making Practice

在此专门阐述关于羊奶酪研制工作中的一些注意事项，从工艺改良、市场研究、膻味消除等方面提出一些看法和建议，供企业管理者和技术研发人员借鉴，以利于更好地开展羊奶酪产品的研制生产。

与我国相邻的日本，其民众饮食习惯与我国很相似。经过多年发展，日本奶酪在本土奶业中开始扮演重要角色，羊奶酪也得到很好发展。其中的重要原因之一，就是始终重点开发适宜日本民众口味的餐饮奶酪产品，兼顾零售奶酪。同时，企业自身不盲目做大产能，没有过早地背负投资压力，而是紧盯国内市场营销，优先发展小规模手工生产方式，同时，企业自身配置奶酪的重制（再制）技术手段，适时增加品类，随着市场逐步打开与资本积累，转而再扩大发展天然奶酪生产规模，反过来又促进本土的奶羊养殖业稳定发展。

...

日本横滨青木超市（横浜青木スーパー）
奶酪专柜

201

第五章
羊奶酪研发注意事项

（一）工艺改良

　　世界上许多古老奶酪品种几乎都起始于绵羊乳和山羊乳为原料，而不是牛乳。广义讲，奶酪制作方法具有很强的通用性。从前面介绍的世界各地羊奶酪制作方法不难看出，奶酪的原料乳，既可用山羊乳、绵羊乳，又可用牛乳、乳清等，也可按一定比例相互混合。

　　应在准确掌握奶酪制作基本原理与方法前提下，灵活运用可行的技术手段，研究与比较不同的制作手法，确定适宜自己的羊奶酪工艺技术开发方向，包括原料选择与定型、发酵剂组成、凝乳剂类别、凝乳过程管控、乳清排除方式与排除程度，以及温度、时间、湿度等参数控制，还有特色风味食材的辅助添加等，做到融会贯通，改良工艺，优化生产，就地取材，为我所用，确立适宜的具体工艺流程，研发具有自身特点的羊奶酪。

…

英国德莱米尔乳品公司
（Delemere Dairy）山羊奶酪

（二）市场研究

　　味道，对食品非常重要。羊奶酪更是如此。应重点研究适合中国消费者口味的各型羊奶酪，这一点非常重要，尤其是要专注研发餐饮用羊奶酪产品，同时兼顾零售类羊奶酪，包括休闲食品所用的原料型羊奶酪。坚持研发新品与乳清充分利用并重，结合奶酪重制技术（再制技术），逐步培育羊奶酪消费群体。其中，一个重要的突破方向就是国内餐饮业，特别是糕点面包房与快餐连锁业。企业要下大力气，千方百计与餐饮业开展合作，联合研发多品类的羊奶酪餐饮食材。

...

法国洛克福（Roquefort）奶酪浆汁
蘸辣鸡翅开胃菜

针对口味改良，除应用传统方法外，还可应用酶改性技术。如，在凝乳中使用外源酶（脂肪酶、蛋白酶）进行适当干预，通过管控添加酶量、温度、时间等生产参数，在几小时或几天内即可产生预期的强烈香气，与过去传统的奶酪风味生成方式相比，可大大提高生产效率，节约制造成本，研发不同风味奶酪产品。风味与滋味的基础模块研究，揭示了奶酪中的典型风味来源，为开发适宜的风味奶酪奠定了技术理论基础，参见本书第二章"奶酪成熟与风味"部分内容。

...

塞浦路斯哈罗米（Halloumi）
奶酪烤培根

（三）发酵除膻

　　山羊乳脂肪中的脂肪酸是膻味物质的主要载体。针对国人饮食口味习惯，不能忽略的重要一点就是妥善解决许多普通消费者对羊乳膻味的耐受性和敏感性。应坚持走山羊乳的发酵型技术思路，开发生产发酵成熟型山羊奶酪，包括以"酸＋热"方式进行凝乳的软质羊乳清（或羊乳）奶酪等。

...

山羊乳制成的发酵成熟型
西班牙马约罗（Majorero）奶酪

...

西班牙马约罗（Majorero）奶酪的质地组织结构

山羊奶酪美食拼盘

东北农业大学早期研究证实，有效解决山羊乳膻味的途径之一，是对羊乳的稀奶油进行乳酸菌发酵，当其发酵酸度超过 50°T 时（折合乳酸约 0.45%），每升羊稀奶油生成芳香物质丁二酮（双乙酰或二乙酰）累计含量达到 14mg/L 时，山羊乳的膻味即消失，并呈现浓郁迷人的芳香味。

近些年，虽然利用负压脱气等设备技术手段在预处理工序对羊乳进行热状态下的除膻处理，但实际除膻效果并不理想，也不适宜用于羊奶酪生产。此外，在奶源基地奶羊养殖环节如何减弱羊乳的膻味已有一些成功的技术措施，参见本书第一章"挥发性物质"和"风味脂肪酸"部分内容，应一并考虑综合施策，控制羊乳膻味。在此不专述，读者可参考奶羊相关技术文献。

（四）发酵菌株

1. 传统菌株

除真菌发酵剂（如白青霉、娄地青霉、解脂假丝酵母等）外，比较常用的羊奶酪的乳酸菌发酵剂主要是由乳脂链球菌、乳酸链球菌、丁二酮乳酸链球菌、乳脂明串珠菌等4种菌株组成的复合发酵剂。其菌株数量的组成比例有所不同，按照比例由高到低，依次简介如下。

（1）乳脂链球菌

乳脂链球菌全称为乳酸乳球菌乳脂亚种（*Lactococcus lactis* subsp. *cremoris*），占比约75%。乳酸乳球菌乳脂亚种，革兰氏染色为阳性，过氧化氢酶阴性，不生芽孢，不运动，无荚膜，细胞对称生长，呈球形或卵圆形的兼性厌氧菌，大小为 0.5~1.5μm。该亚种内的菌株可在 40℃和含有 2% 的 NaCl 溶液中存活，但不能在 45℃和 4% 的 NaCl 溶液中存活，不能水解精氨酸产氨，可以发酵麦芽糖和糊精。

（2）乳酸链球菌

乳酸链球菌全称为乳酸乳球菌乳酸亚种（*Lactococcus lactis* subsp. *lactis*），占比约 10%。乳酸乳球菌乳酸亚种，革兰氏染色阳性，过氧化氢酶阴性，不产生芽孢，不运动，无荚膜，细胞对称生长，呈球形或卵圆形，兼性厌氧菌，属嗜温性乳酸菌，在 25~30℃的生长良好，可在 10~40℃环境及 4% NaCl 溶液中存活，不能在 45℃和 6.5% NaCl 溶液及 pH 9.6 环境存活。可水解精氨酸产氨和发酵麦芽糖产酸。分类属于硬壁菌门杆菌纲乳杆菌目链球菌科乳球菌属。

乳酸链球菌能提供酶，驱动发酵乳中风味化合物的产生，主要代谢途径是糖代谢、蛋白质水解和脂肪分解。糖代谢过程产生有机酸（主要是乳酸），赋予发酵乳令人愉快的酸味。

（3）丁二酮乳酸链球菌

丁二酮乳酸链球菌全称为乳酸乳球菌双乙酰亚种（*Lactococcus lactis* subsp. *diacetylicum*），占比约 10%。乳酸菌乳球菌双乙酰亚种，又被称为乳酸乳球菌乳酸亚种双乙酰变种，是根据该菌株能够通过碳水化合物和柠檬酸盐共代谢途径分解柠檬酸盐，产生风味化合物双乙酰（2，3-丁二酮）和乙偶姻（3-羟基-2-丁酮）而得名。乳酸乳球菌的 3 个亚种可以用于奶酪、发酵乳和黄油等乳制品的生产，对发酵风味具有重要作用。其菌株可以产生细菌素（bacteriocin），如乳酸链球菌素（nisin，乳酸链球菌肽）、乳酸乳球菌素

硬质奶酪荟萃

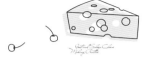

（lactococcin）等。

其中，乳酸链球菌肽抗菌物质作为一种无毒天然防腐剂，已被许多国家和地区广泛应用于乳制品、罐头食品、鱼类制品等的防腐保鲜，如食品中含有十万分之几到万分之几的这种物质，就足以抑制引起食品腐败的许多革兰氏阳性菌生长繁殖。

（4）乳脂明串珠菌

乳脂明串珠菌全称为肠膜明串珠菌乳脂亚种（*Leuconostoc mesenteroides* subsp.*cremoris*），占比 5%。肠膜明串珠菌为明串珠菌的模式种，该种包括 3 个亚种，分别是肠膜明串珠菌乳脂亚种（*Leuconostoc mesenteroides* subsp. *cremoris*）、肠膜明串珠菌葡聚糖亚种（*Leuconostoc mesenteroides* subsp. *dextranicum*）和肠膜明串珠菌肠膜亚种（*Leuconostoc mesenteroides* subsp. *mesenteroides*）。

肠膜明串珠菌乳脂亚种（乳脂明串珠菌）的细胞易形成长链，在液体培养基生长时会有聚集，最适温度 18~25℃，可以发酵葡萄糖和乳糖，也可以把柠檬酸代谢为乙偶姻（3-羟基-2-丁酮）和双乙酰（2，3-丁二酮）。明串珠菌被广泛用于乳制品工业，以增强发酵乳制品的芳香风味特性。由明串珠菌发酵羊乳产生的乙醇、乙醛、乙酸、双乙酰和丙酮有助于羊奶酪形成香味。

2. 菌种自行扩培

企业如果采用自行扩培生产发酵剂的方式，可将前面所述四种常用传统菌株的比例略作调整，但总体占比大小的顺序原则不变，由多到少依次为：

75%的乳脂链球菌、10%的乳酸链球菌、10%的丁二酮乳酸链球菌、5%的乳脂明串珠菌。

针对添加发酵剂并经后期成熟而制成的羊奶酪而言，其中的丁二酮乳酸链球菌、乳脂明串珠菌非常重要，必不可少，这两种菌株都能在产酸的同时，利用乳中的柠檬酸产生丁二酮特殊芳香物质。发酵剂中含有一定比例的风味菌和产香菌菌株，并且保持菌种最佳活力，有益形成羊奶酪独特的风味。

（五）重点提示

1. 巴氏杀菌

（1）参数控制

按照目前一般做法，奶酪制作的第一步是对原料乳进行标准化和巴氏杀菌。巴氏杀菌工序通常要把乳加热到72℃保持15s。但因担心影响乳的风味，导致奶酪有不良蒸煮味，影响奶酪形成丰富味道，国外有的采用更加温和的热处理工艺，把乳仅加热到46℃保持30min即开始进入下道工序，既保障安全，又尽可能保证风味。

奶酪原料乳的杀菌与不杀菌

自19世纪，应用巴氏杀菌方法成为奶酪生产的一次重要变革。一些奶酪摆脱手工制作，开始批量收集羊乳统一进行杀菌，降低了微生物安全风险，提升了产能规模。许多国家提倡进行巴氏杀菌，全球规模工业化生产的奶酪都以经过巴氏杀菌的乳为原料。德国、荷兰等国法律规定奶酪原料乳必须经过巴氏杀菌处理，原因在于奶酪几乎都来自工业化规模生产。

虽然巴氏杀菌法广泛应用于奶酪工业化生产，但也不排斥不杀菌的生乳奶酪存在。欧洲生乳奶酪年产约70万t，风味独特，味道丰富，不仅能够满足消费者对奶酪的不同需求，而且还能保护奶畜饲养者及其小型奶酪厂的切身利益，对促进当地就业、土地资源利用、绿色环保、生物多样性以及小农经济发展具有重要意义，已得到欧盟委员会的充分认同（见本书第219页注解）。

...

由巴氏杀菌山羊乳制成的
荷兰博得（Polderkaas）奶酪

...

由未经巴氏杀菌山羊乳制成的
西班牙帕尔梅罗（Palmero）奶酪

（2）杀菌与奶酪得率

截至目前，人类在生乳中已累计发现 60 多种内源性天然酶。采取巴氏杀菌或更高温度的热处理，会导致羊乳中的许多天然酶失活，而这些天然酶有助于奶酪产生极佳风味。因此，不采用巴氏杀菌的成熟型奶酪风味比较浓郁。此外，凝乳酶型成熟奶酪在生产中有一个规律，即乳的杀菌温度越低，奶酪的成品得率就越高。用不杀菌的生乳来生产奶酪，其奶酪的成品得率往往最高，这表明成品得率与乳蛋白质热变性程度密切相关。

（3）不杀菌奶酪

奶酪原料乳是否经过巴氏杀菌，一直存有争议。作为生产奶酪的一项技术，有必要在此专门介绍不杀菌奶酪的相关内容。从全球看，凡是经过 60d 以上老化成熟的奶酪，大部分国家没有规定其原料乳必须实施巴氏杀菌处理。法国、意大利、希腊、西班牙、瑞士等允许直接使用卫生安全的原料乳生产成熟型奶酪，无须经过巴氏杀菌。

…
用不杀菌山羊乳制成的
西班牙戈梅拉岛（Gomera）奶酪

第五章
羊奶酪研发注意事项

法国洛克福（Roquefort）
奶酪

奶酪美味拼盘

全球不杀菌奶酪中，相当一部分都是传统手工制作，尤以羊奶酪居多，多为牧羊人、养殖场主等家庭自制或联合起来制作。例如，西班牙加那利群岛（Islas Canarias）西部的戈梅拉岛（Gomera）上的家畜主要为山羊，当地农户生产奶酪不用巴氏杀菌方法处理山羊乳，而是以手工方法直接用山羊乳来制成戈梅拉岛（La Gomera）奶酪，从软质到硬质，从半成熟到成熟，各种类型应有尽有，风味浓郁，特点鲜明，成为西班牙不杀菌山羊奶酪中的代表性产品之一。

除特别贸易协议和约定外，欧洲等地原本在本土以不杀菌方法生产的一些传统奶酪，当作为出口品种外销时，为规避食品安全"贸易争端"，这一类传统奶酪都改用巴氏杀菌来专门生产。正是基于这一点，世界上许多味道独特、风味浓郁的传统不杀菌羊奶酪，很少参与国际贸易流通，仅局限于本地区生产与销售。

为保证食品安全，有效预防控制微生物安全风险，不杀菌奶酪出厂上市前，国外监管部门要求必须进行卫生（主要是病原及毒素）专项监测和安全

...

西班牙戈梅拉岛山羊
（Gomera goat）群

风险评估，尤其是病原性大肠杆菌、金黄色葡萄球菌、沙门氏菌、布鲁氏菌、单核细胞增生性李斯特氏菌、结核分枝杆菌、脊髓灰质炎病毒等。

欧盟如何看待生乳奶酪

2001 年，慢食运动促使欧洲联盟委员会对生乳奶酪做出表态：食用生乳奶酪并不比巴氏灭菌奶酪更具风险，只要采取必要的预防措施即可。然而这些步骤正是工业家们因为经济原因千方百计想要逃避的。生乳奶酪能保证人们尝到更丰富、更复杂的味道。这也是唯一能与产地保持关联的技术。维持生乳奶酪的生产不仅是为了取悦消费者，也是为了小型加工工业和饲养者们的利益考虑。巴氏灭菌乳成为标准原料，就会与拥有特殊菌群的产品形成竞争关系。因此，生乳是维持小型奶酪工厂继续生产的保证，能促进就业，平衡用地，保护环境，保护生物多样性和动物的舒适生活。

(引自《不生不熟：发酵食物的文明史》，2020 年)

2. 成本控制

成本管理是企业永恒主题。对绝大多数羊乳企业来说，羊奶酪研发方案的设计与试验，要始终全程树立成本意识，适时纳入成本比较和经济性对比分析。一是要因地制宜，手工起步，结合简易机械手段，开展研发和试制。二是除鲜奶酪外，要通过管控凝乳的乳清排除程度，谨慎控制羊奶酪成品的水分含量，平衡成分指标管控和消费品质预期，合理定价，寻求生产经营盈亏点。三是产奶季的羊乳奶源成本管控，综合考量全年羊奶酪的产供方案与保障措施，做到可持续性生产经营。

3. 奶源质量

质量合格稳定的羊乳奶源供给非常重要。奶羊品种，繁殖及饲养管理水平，挤奶操作和设施条件，羊乳质量指标特别是总固形物、乳脂肪以及菌落总数、大肠菌群、体细胞，以及羊乳全程冷链运输保障等，对于制作风味甄醇、品质稳定的羊奶酪至关重要。

饲养环境与羊奶酪风味

虽然羊品种影响羊乳的风味，但是，真正影响风味的因素是羊的饲养与生长环境。山羊或绵羊采食青草、干草或其他饲料及牧场土壤和水源，甚至挤奶当天的气候等都会影响到羊乳滋（气）味和羊奶酪风味特点。夏季水草丰美，所产羊奶酪风味要比冬天的浓郁；山地与高原的羊奶酪要比平原的味道浓郁。如意大利中部和南部丘陵山地，放牧的山羊和绵羊采食某一区域青草和干草，羊乳具有该区域特定味道，所生产的奶酪也就各具风味特色。为此，一些奶酪厂仅收集加工某一限定区域的羊乳，意大利不同地区的羊奶酪风味具有各自区域的特征。

4. 奶酪再制技术

以天然羊奶酪为原料，利用奶酪再制技术来生产再制奶酪（Processed cheese），可增加不同风味产品，满足客户需求，是一项很实用的生产技术。其工艺简述为奶酪原料混料计算→奶酪修整→原料称量并粉碎→加乳化盐→融化锅内搅拌、加热、融化（乳化）、杀菌→保温灌装→冷却至室温→装箱→冷藏（2~6℃）。其中，杀菌控制关键环节就是用2min将料温升至

64℃，在 65～70℃ 保持 30min。

不同批次的天然奶酪，具有不同脂肪和总固形物含量。实际生产中，所有的原料混料都要进行配料核算，把实际指标值与预期值之差控制在合理误差内。核算时应考虑融化过程中通入洁净蒸汽产生的冷凝水对产品水分影响。为使再制奶酪成品具有特定的组织状态和适用性（如切片状、块状或可涂布性等），同时改善风味和调整 pH，可单独或混合加入食用柠檬酸盐、磷酸盐、聚磷酸盐，统称乳化盐。

乳化盐添加量为料重的 2%～3%。切片型的再制奶酪乳化盐由柠檬酸钠、磷酸氢二钠混合而成，比例 5:1；涂抹型的再制奶酪乳化盐是二磷酸钠和磷酸氢二钠混合而用，比例 1:2。柠檬酸盐用于片状、块状再制奶酪。磷酸盐能使奶酪变稀，主要用于涂抹再制奶酪，但因聚磷酸盐具有较强乳化作用，所以用量很少。使用乳化盐应参照 IDF 标准并且应符合国家食品添加剂技术管理要求。

5. 其他保障

应配基本的奶酪专用设备和工器具，如带有精确加热温控装置和可调速切割搅拌器的小型凝乳槽、小型融化锅、压榨器与模具、盐水槽（池）、硬木无漆成熟架，温度、湿度可控的成熟间、品控检测仪器设施等，以及供给稳定、质量可靠的凝乳酶与发酵剂等。

（六）产品命名

　　企业研制羊奶酪，新产品命名需慎重。虽然全球没有规定奶酪的命名必须包含奶源类型，但作为一种新产品研发，出于市场开拓和品牌建设客观需要，羊奶酪名称可以明确标含"羊""山羊"或"绵羊"等关键词，赋予产品鲜明的特征信息。

　　随着国际贸易日益活跃，奶酪商业价值突显。一些国家和联盟组织越来越重视奶酪知识产权保护，建立奶酪原产地命名保护办法或地理认证标志制度，规定一些奶酪必须在指定地区生产，且按照传统配方技术生产，以保护传统特色奶酪。截至目前，法国规定原产地命名保护的奶酪品种最多，约45种，其次是意大利30多种，西班牙20多种，希腊10多种，还有瑞士、英国、葡萄牙、荷兰等。

　　应掌握国家知识产权局关于国外地理标志产品保护方面的最新法规要求，熟悉世界各地和国际贸易中的有关奶酪名称权益保护规则。当拟采用与国外某种羊奶酪相似的生产技术工艺时，应仔细查证与准确核实该品种羊奶酪的原产地对命名和产地的保护状态，注意规避不适宜的命名而引发奶酪名称侵权风险。

欧盟农产品 PDO、PGI 和 TSG 标识

　　欧盟为保护成员国农产品和食品的原产地名称（包括一些奶酪），规定原产地名称保护认证标志为 PDO（Protected Designation of Origin）、地理保护认证标志为 PGI（Protected Geographical Indication）。

欧盟传统特色保证标志为TSG（Traditional Speciality Guaranteed）。TSG制度旨在保护传统特色产品的独特口味、原料来源、传统配方、传统工艺等特征，不同于PDO、PGI注重产地名称和地理来源，也不关注是否采用创新技术。

不应使用已获得原产地命名保护的羊奶酪英文名称或相关语种名称（包括音译或谐音）。近些年，受到命名和产地保护的奶酪品种不断增加，因此，本书所述国外奶酪原产地名称保护和地理保护标志信息仅供参考，读者应随时关注这方面的最新信息。

奶酪 AOC、AOP、DOC、DOP 和 DO 标识

一些国家建立了包括传统奶酪在内的本国农产品和食品原产地保护标识管理制度。法国原产地名称保护标志早期为AOC（Appellation d'Origine Controlee），现为AOP（Appellation d'Origine Protegee）。意大利、葡萄牙原产地监制标志为DOP（Denominazione di Origine Protetta），西班牙原产地名称保护标志为DOP（Denominación de Origen Protegida）或DO（Denominaciones de Origen）。

希腊、瑞士、英国、荷兰等对本土一些传统奶酪也采取相应产地保护与地理标志保护。带有这些标志的奶酪在欧洲市场上比较常见。包括但不限于上述这些带有标志的奶酪，都须按相应技术规则在特定的地区生产加工，产品大部分特征都要符合原产（起源）地的产品特点。

（七）合规研发

　　对大多数国内企业乃至全行业来说，羊奶酪研发是一个崭新领域，会遇到一些现行技术规范尚未明确的新问题，具有挑战性和特殊性。添加何种新型凝乳剂、发酵剂及有关风味食材或调味料，以及奶酪表面有关包裹物及包装材料使用等，均须遵守我国现行有效的食品法律法规及相关技术标准。不在现行法规标准和技术规范允许范畴的，且未获许可和批准的，不应进行生产经营。

　　确保符合新食品原料法规要求。所谓新食品原料，是指在我国无传统食用习惯的动物、植物和微生物，从动物、植物和微生物中分离的成分，原有结构发生改变的食品成分，其他新研制的食品原料等四类情况。我国《新食品原料安全性审查管理办法》规定，新食品原料应当经过国家卫生监督部门的安全性审查后，方可用于食品生产经营。

羊奶酪
生产与鉴赏
Goat and Sheep Cheese
Making Practice

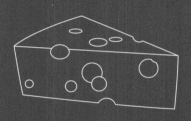

—

第六章
世界羊奶酪鉴赏

（一）白奶酪（Beyaz Peynir）

原产地：土耳其

原料乳：绵羊乳、山羊乳或牛乳，不经巴氏杀菌

类型：传统型，农家制作或合作生产，素食类奶酪

特征：白色，无皮

　　白奶酪（Beyaz peynir）在土耳其是一种比较常见的奶酪，各地都有生产，深受土耳其人喜爱。其特点是用植物凝乳酶对不经巴氏杀菌的原料乳进行凝乳，制成素食类奶酪。土耳其色雷斯（Eastern Thrace）和马尔马拉（Marmara）地区所产的白奶酪是用绵羊乳制作，质地柔软，分为低脂、中脂和普通三种类型。其他地区制作白奶酪除用绵羊乳外，还用山羊乳或牛乳为原料。制作

...

白奶酪（Beyaz peynir）

手法不一，种类也多，有新鲜的、成熟的及深度成熟的。

制作方式是凝乳经挤压或用布袋悬挂起来，用 2～4h 排除和沥净乳清，再将凝乳切小块，装入木质（或编织物）模具继续排除乳清，然后再切成片，撒涂盐粉，置于盐水中盐渍 6 个月。通常切成大块或片状出售。食用前可在冷水或牛乳中浸泡，去除部分盐分。外观呈颗粒状，味道醇厚浓郁，口感细腻油润。土耳其人常在早餐用食，拌入新鲜沙拉或其他菜肴中调味，也可用于制作糕点和烘焙食品，或在炎热夏季裹入皮塔饼（pita）搭配西瓜享用。

（二）巴侬（Banon）奶酪

原产地：法国普罗旺斯（Provence），AOC 产品

原料乳：山羊乳（或绵羊乳）与牛乳混合乳，或三者混合乳，不经巴氏杀菌

类型：传统型，农家制作，新鲜，软质

特征：重量 100g，小圆饼形（直径 7cm，厚 2.5cm），成熟期 2 周至 2 个月

巴侬（Banon）奶酪是以法国东南部普罗旺斯商贸小镇"Banon"名字来命名，最早称为巴侬·歇布（Banon Chèvre）奶酪。灌木是普罗旺斯山丘地区常见植被，适宜放牧山羊，所以山羊乳是当地独特资源。经典巴侬奶酪所用山羊乳不经巴氏杀菌，不添加发酵剂和酸乳清等，仅用足量凝乳酶，在 30～35℃经 1～2h 凝固来生产奶酪，被列入法国原产地名称保护产品（AOC 产品）。特点是用栗树叶包裹起来，再用酒椰叶纤维（raphia，亦称拉菲亚草）

捆扎，置湿润环境成熟。栗树叶中的单宁酸与山羊奶酪芳香混合一处，呈现奇妙果香和木香。

　　法国其他地区也用牛乳与山羊乳、牛乳与绵羊乳，或三者皆有的混合乳生产巴侬奶酪，有的用葡萄树叶包裹。成熟好的巴侬奶酪表面，与栗树叶或葡萄树叶接触的地方有时长出蓝绿色霉菌，这些霉菌不但无害，而且可促进风味形成。由于原料不一、方法不同，法国市场上的巴侬奶酪类型很多，质地从柔软润滑到硬实富有弹性，味道有温和清淡的，也有浓烈刺激的，滋（气）味别致。既可直接食用，也可做餐前开胃品，还可与水果、甜酒搭配成休闲小酌。

...

巴侬（Banon）奶酪

（三）伯瑞勒斯(Cabrales)奶酪

原产地：西班牙阿斯图里亚斯区（Asturias），PDO 产品

原料乳：山羊乳或与绵羊乳的混合乳，不经巴氏杀菌

类型：传统型，农家制作，半软质，青纹

特征：重量 3kg，圆柱状，成熟期 3~6 个月

伯瑞勒斯（Cabrales）奶酪是西班牙著名的传统奶酪品种之一。经典的伯瑞勒斯奶酪是以农家饲养的山羊所产羊乳为制作原料，或与自家的部分绵

羊乳混合起来作原料。如今有的也用牛乳作原料，尤其在冬季。原料乳不进行巴氏杀菌，制作中加入青霉菌液。西班牙北部阿斯图里亚斯区的山丘地带，有许多自然山洞，几百年来成为当地农场酪农们用来窖藏伯瑞勒斯奶酪的绝佳之处，是天然的奶酪成熟库。

　　奶酪在盐水中腌渍后，有的以铝箔纸或大片树叶包裹，有的不加任何外包装直接单层码放在塑料筐内，转入荫凉天然洞穴内进行老化成熟。成熟好的成品，则以铝箔纸包装或枫树叶包裹。天然薄皮，表皮粗糙，颜色呈深灰色、棕色或乳白色不等，质地湿润，呈半软质奶油状，奶香浓厚，并伴有复合香味。可直接食用，或与蜂蜜一起作为餐后的甜点。在西班牙，与之类似奶酪品种还有巴尔德翁（Valdeon）奶酪等。

...

伯瑞勒斯（Cabrales）奶酪

（四）沙比舒·德·普瓦图（Chabichou du Poiton）奶酪

原产地：法国普瓦图·夏朗德区（Poitou Charentes），POD、AOC 产品

原料乳：山羊乳，不经巴氏杀菌

类型：传统型，农家制作，新鲜

特征：重量 120～180g，小型圆台状，成熟期 2～3 周

　　沙比舒·德·普瓦图（Chabichou du Poiton）奶酪原产于法国山羊奶酪主产区之一的普瓦图（Poitou）农场。Chabichou 是卢瓦尔河上游当地方言对山羊的爱称，这种奶酪早期由阿拉伯国家传入法国，系经乳酸发酵和酶凝乳的一种山羊奶酪，其特点是以不经巴氏杀菌的山羊乳为原料且经手工制作，受到欧盟 POD 保护，夏秋季口味极佳。

...

沙比舒·德·普瓦图
（Chabichou du Poiton）奶酪

与之不同的是，乳品厂工业化生产的是用巴氏杀菌山羊乳作原料，标有"Chabichou"，但无"du Poiton"字样，称沙比舒（Chabichou）奶酪。无论手工制作，还是乳品厂生产，该奶酪都有天然米黄色的外皮，表面喷洒白青霉菌液。奶酪新鲜时，内部白色奶酪团坚实而耐嚼，味道甜润温和，略带咸味与酸味，但随着成熟，质地开始变得黏软湿润。若继续老化，则呈现坚果味和辛辣味，表面偶尔长出一些蓝灰菌斑，外壳变得坚硬易碎。既可直接食用，也可用于烧烤或作为调味品，新鲜的切片拌沙拉，成熟的做水果拼盘等。

（五）克劳汀·德·歇布（Crottin de Chèvre）奶酪

原产地：法国卢瓦尔河地区（Loire），PDO、AOC 产品

原料乳：山羊乳，不经巴氏杀菌

类型：传统型，农家生产，新鲜，从软质到坚实不一

特征：重量 60~100g，小圆柱形（或圆鼓形），成熟期 2~3 个月

法国一些羊奶酪名字中含有"crottin"，这个词本意是指奶酪成熟后那种特有的褐色。其中，法国西部卢瓦尔河谷桑塞尔葡萄园（Sancerre）沙维翁（Chavignol）农庄生产的克劳汀·德·沙维翁（Crottin de Chavignol）奶酪久负盛名，受欧盟 PDO、法国 AOC 保护。沙维翁周边的其他农庄也生产与之相似的上乘奶酪，统称克劳汀·德·歇布（Crottin de Chèvre）奶酪。

奶酪表面起初为白色，经晾干和 2~4 周成熟，表面颜色逐渐变为蓝灰色或深蓝色，并有少量黑斑，奶酪内部呈现如象牙一样的白色，质地由奶油般绵软平滑开始变得密实坚硬，风味也由起初的清淡温和，渐渐变得酸香与甜味浑然一体。成熟 5 周后开始接近成熟了，奶酪整体变得比较干燥，表皮收缩且坚硬，呈现明显的皱褶，滋（气）味越发浓郁。既可直接食用或蘸调味品作开胃菜，也可切块烘烤或制作三明治及拌沙拉等。

...

克劳汀·德·歇布
（Crottin de Chèvre）奶酪

（六）芳提娜（Fontina）奶酪

原产地：意大利瓦莱达奥斯塔区（Valle d'Aosta），DOP 产品

原料乳：绵羊乳，不经巴氏杀菌

类型：传统型，农家生产，半软质或半硬质

特征：重量 8～20kg，呈轮盘状，成熟期 3～4 个月

　　经典芳提娜（Fontina）奶酪产于意大利瓦莱达奥斯塔区奥斯塔山谷，用不经巴氏杀菌绵羊乳制作，不加发酵剂，以凝乳酶凝乳，外壳印有"Fontina"字样，受意大利原产地保护（DOP），当地放牧绵羊每年两次转场，夏秋季在山上小屋制作，冬季则在山下乳品厂生产。分半软质、半硬质两种类型。外皮薄，质地光滑。

...

芳提娜（Fontina）奶酪

成熟的芳提娜奶酪呈乳黄色，质地较硬，平滑润泽，分布细微小孔，赋有迷人的水果香气和坚果味道。外形扁圆，大小不一，较小的叫"小芳提娜"，也有35kg特大型。可直接食用或加热融化后浇拌意式面，或烧烤用；加热融化后的芳提娜奶酪可作蘸料，适合配制沙拉菜。还可与西芹或葡萄搭配休闲拼盘，或制成三明治。切碎的芳提娜奶酪，经添加脱脂乳、稀奶油及食用菌等风味类食材，可制成各种口味再制奶酪。

（七）科西嘉(Fromage Corse)奶酪

原产地：法国科西嘉岛（Corsica），PDO、
　　　　AOC产品
原料乳：山羊乳（或绵羊乳），不经巴氏杀菌
类型：传统型，农家制作，新鲜软质
特征：重量500g，圆盘形，成熟期2个月

科西嘉奶酪是一种产自法国科西嘉岛（Corsica）上的手工羊奶酪。每年6月份，成群

科西嘉（Fromage Corse）奶酪

第六章
世界羊奶酪鉴赏

山羊和绵羊放牧于科西嘉岛卡尔卡托吉奥（Calcatoggio）地区圣巴斯提耶路（San Bastiano）山丘上采食鲜草，直到10月份才赶下山。科西嘉（Fromage Corse）奶酪所用凝乳酶都是农家自制的羔羊皱胃酶，方法是取小山羊皱胃在通风良好室内进行自然风化干燥40d，然后切碎，1个皱胃加热水1.1L，持续浸泡48h，过滤后的皱胃浸液直接用于凝乳。

科西嘉奶酪的模具是用当地芦苇经手工编制而成。经2个月成熟后上市。奶酪内部乳白色，质地柔软而有弹性，味道微咸，乳香诱人。当成熟至3个月时，外壳变得坚硬，而且被白霉菌完全覆盖，滋（气）味更加浓郁。既可直接食用，也可制成沙拉或与面包和水果一起搭配享用。

（八）伽马罗斯特（Gammalost）奶酪

原产地：挪威
原料乳：巴氏杀菌山羊乳
类型：传统型，农家生产，硬质，青纹
特点：重量3kg，圆柱形

伽马罗斯特（Gammalost）奶酪，也称挪威羊奶酪，早在维京（Viking）时代就被食用，历史悠久，曾是挪威人的生活主食。Gammalost挪威语意思是"苍老奶酪"。过去传统手法是以脱脂山羊乳为原料，如今也用脱脂牛乳制作。要点是把乳温升到35～37℃加入发酵剂产酸，搅拌并缓慢加热升温，经酸凝固与热凝固形成凝乳块，继续加热搅拌凝乳块至63℃时保温30min。粗布过滤排除乳清，入模具压榨。第一次脱模后，把成型凝乳块再置于羊乳清中，加热保持3~4h。然后对凝乳块再进行入模压榨，第二次脱模后，表面喷洒青霉菌液，晾干后贮存成熟。

　　成熟初期质地软，随时间延长，开始变得坚硬、易碎和粗糙。硬质外皮呈棕黄色，长有灰色霉菌，内部呈绿色或褐色，也有一些霉菌。青霉菌能加快奶酪成熟并生长延伸至内部，使奶酪形成特殊风味，甚至是强烈滋（气）味。该奶酪常温下保存时间很久，最大水分含量为52%，但脂肪含量很低（1%~5%）。既可磨碎后直接食用，也可晚餐后与白兰地酒或杜松子酒一起小酌享用。

…

伽马罗斯特（Gammalost）奶酪

(九) 拉加罗查(Garrotxa)奶酪

原产地：西班牙加泰罗尼亚（Catalonia），PDO 产品

原料乳：山羊乳，不经巴氏杀菌

类型：传统型，农家制作，半硬质到硬质

特征：重量 1kg，圆盘形，成熟期 3～8 个月

　　拉加罗查（Garrotxa）奶酪原产于地中海东北部海岸的一个名字为
"Garrotxa" 的小村庄，其制作历史悠久。传统的方法是以山羊乳为原料，
农家手工自制，不经巴氏杀菌，过去仅在加泰罗尼亚地区生产。

...

拉加罗查（Garrotxa）
奶酪

如今西班牙的其他地区已采用现代工业方法批量制造。拉加罗查奶酪呈圆盘状，天然外壳布满灰黑色或灰绿色酷似火山灰一样的霉菌层，内部呈白色，质地较硬，滋（气）味别具一格，既有奶油香气，又有薄荷草芳香，还有核桃仁般的坚果气味，这与山羊采食当地的新鲜花草植被有关。食用方法多样。

（十）格拉维拉(Graviera)奶酪

原产地：希腊克里特岛(Kritis, Crete)与纳克索斯岛（Naxos），PDO 产品
原料乳：绵羊乳或与少量山羊乳的混合乳（或混入特定地域的牛乳），不经巴氏杀菌
类型：传统型，农家自制或合作生产，硬质奶酪
特征：重量 2～8kg，车轮状，成熟期至少 3 个月，外皮有布袋留下的纹理

格拉维拉（Graviera）奶酪是希腊常见奶酪品种之一，分不同品类。原料为绵羊乳与山羊乳或与牛乳的混合乳。希腊已开始采用巴氏杀菌法进行工业化制造格拉维拉奶酪，但传统农家制作手法仍保留。其中，爱琴海克里特岛格拉维拉（Graviera Kritis）奶酪较为传统经典，系农家每年夏秋季制作，由绵羊乳或绵羊乳与山羊乳混合而成（山羊乳不超过 20%），不经巴氏杀菌，用乳酸发酵和凝乳酶凝乳，经 36～38℃、30min 凝乳后开始切割，再加热升温至 50～52℃，不停搅拌。入模具加压成型，脱模置 1d 再入 18%～20% 盐水浸泡 2～5d，入库成熟 3 个月，定期翻转，每周涂盐粉 1 次。

格拉维拉奶酪表皮呈灰白或褐色，内部颜色由白色至乳白色不一，富有奇妙水果和乳香味，有令人愉悦的焦糖甜味，质地坚实而有弹性，偶带小孔眼。最高含水量38%，最低干物质基础脂肪含量（FDM）40%。吃法多样，可直接食用，或切条配餐，或擦丝用于面点烘焙与沙拉等。

...

格拉维拉（Graviera）
奶酪

（十一）凯发罗特里（Kefalotiri）奶酪

　　原产地：希腊，PDO 产品

　　原料乳：绵羊乳，不经巴氏杀菌

　　类型：传统型，农家制作或合作生产，硬质

　　特征：重量 6～8kg，呈圆鼓形，成熟期 3 个月

　　凯发罗特里（Kefalotiri）奶酪是希腊一种传统的硬质羊奶酪，生产遍及希腊半岛，传统方法系由不经巴氏杀菌的全脂绵羊乳制成。天然薄外皮，质地坚硬，结构密实，咸味重，有强烈的滋（气）味。由于希腊各地绵羊乳（也有用全脂山羊乳）的差异，成品颜色一般由白色到黄色不一。

　　凯发罗特里奶酪既可以直接食用，作为小吃，也可制作成美味的油炸奶酪，或切成条块状与时令水果和红酒搭配，还可磨碎成碎粒状添加到热面、炖菜中，或作调味料等，吃法多样。如今在希腊以外的一些国家和地区所见到的凯发罗特里奶酪，常常是用牛乳制成的，称凯发罗格拉维奶酪（Kefalograviera cheese），以区别羊乳为原料的希腊凯发罗特里奶酪。

...

凯发罗特里（Kefalotiri）奶酪

曼彻格（Manchego）奶酪

第六章
世界羊奶酪鉴赏

（十二）曼彻格（Manchego）奶酪

原产地：西班牙拉曼查（La Mancha），PDO 产品

原料乳：绵羊乳或与部分牛乳的混合乳

类型：传统型，农家制作或合作生产，硬质

特征：重量 2～8.5kg，扁平圆鼓形，成熟期 2～24 个月

曼彻格（Manchego）奶酪是西班牙著名羊奶酪，历史悠久。源自西班牙中部的拉曼查（La Mancha），也是堂吉诃德（Do Quixote）的故乡。农家制作正宗传统曼彻格奶酪是以不经巴氏杀菌绵羊乳为原料，用茅针草编织物来排除乳清并成型，奶酪表面留有"之"字形标志性花纹。按西班牙官方标准，如今规模化批量生产的曼彻格奶酪仍保留类似花纹。乳品厂生产的曼彻格奶酪以巴氏杀菌绵羊乳为主要原料。外皮颜色为浅黄色或棕色，内部呈纯白至乳白色，滋（气）味由温和至强烈。质地坚硬，分布不规则小孔，有烤肉与果仁复合香气。

曼彻格奶酪在成熟期内任一时段均可出售，售前需清洗表面，除去霉菌，涂上橄榄油。由于成熟时间、原料乳配比、植物香料的不同，西班牙各地曼彻格奶酪品类很多。成熟 3 个月的称"Curado"（腌制的意思），成熟超过 3 个月的称"Viejo"（陈年的意思）。成熟越久，气味越浓，乳香愈浓郁，是久食奶酪人的酷爱。食法广泛，既可像其他硬质奶酪一样直接食用，也可用于烹饪，或磨碎用于烘焙食品。

（十三）曼努里（Manouri）奶酪

原产地：希腊克里特岛（Kritis，Crete）和马其顿（Macedonia），PDO 产品

原料乳：绵羊乳或山羊乳的乳清，不经巴氏杀菌

类型：传统型，农家制作，乳清奶酪，半软质

特征：重量不一，扁圆柱状，无须成熟

曼努里（Manouri）奶酪主要以绵羊乳或山羊乳的乳清或两种乳清的混合物为原料，有时也加入绵羊乳或山羊乳的凝乳块，或稀奶油、牛乳。曼努里奶酪是希腊一种传统的低脂型新鲜奶酪，质地平滑柔软，呈白色，无外皮，具有温和奶油香味，咸味较淡。可与蜂蜜一起作为早餐食用，也可用于沙拉、面点和甜点，还可替代奶油奶酪用于制作蛋糕。

曼努里（Manouri）奶酪

(十四) 米哈利克（Mihalic Peynir）奶酪

原产地：土耳其布尔萨（Bursa）

原料乳：绵羊乳，不经巴氏杀菌

类型：传统农家制作，硬质，素食类奶酪

特征：大小不一，片状或球形

土耳其米哈利克（Mihalic Peynir）奶酪，当地人称其"Kelle"。据记载，该奶酪起源于700年前的奥斯曼帝国。与土耳其的白奶酪（Beyaz

...

米哈利克〔Mihalic Peynir〕奶酪

Peynir）不同，米哈利克奶酪仅在土耳其西部的布尔萨（Bursa）和巴勒克埃西尔(Balikesir)地区生产。过去传统做法是以不经巴氏杀菌的绵羊乳为原料，如今山羊乳和牛乳也用作原料。

生产要点是原料乳不经巴氏杀菌，用植物凝乳酶进行凝乳，把凝固的凝乳块置于热水中，不停翻动进行热烫，凝乳块变得硬实而有弹性，取出撒抹食盐并晾干，储存于盐水中，凝乳块变得更坚硬。呈乳白色或褐色，无表皮，质地密实坚硬，润滑醇香，口感鲜咸厚重。既可直接食用，也可磨碎撒在食物表面，或用于沙拉、烘焙品调味，还可用来做各种配菜或开胃菜。

（十五）佩科里诺·罗马诺(Pecorino Romano)奶酪

原产地：意大利拉齐奥（Lazio）、撒丁岛（Sardinia）和格罗塞托
　　　　（Grosseto），PDO产品
原料乳：绵羊乳
类型：传统农家生产，硬质奶酪
特征：重量20～35kg，圆柱形，成熟期2个月至1年

意大利中南部山丘地区适宜饲养绵羊，所产绵羊乳则用来制作坚硬的奶酪，这一大类奶酪统称为佩科里诺（Pecorino）奶酪，几乎都经过老化成熟，统一按颗粒质感（GRANA）及硬度、风味等标准进行产品等级分类。其中，

以罗马城市名称命名的佩科里诺·罗马诺（Pecorino Romano）奶酪最为知名，大圆柱体，外皮光滑坚硬，内部白色，有肉眼可见晶体，绵羊乳源自指定区域的放牧绵羊。杀菌与否等生产工艺参见本书第二章"典型加工实例"部分内容。与之类似的还有佩科里诺·托斯卡诺（Pecorino Toscano）奶酪、佩科里诺·西西里诺（Pecorino Siciliano）奶酪、佩科里诺·沙多（Pecorino Sardo）奶酪等。

　　成熟佩科里诺奶酪滋（气）味强烈，富有柠檬味与咸味重，质地硬，易磨碎，既可直接食用，也可用于烹饪，或撒在意式面上。凡是用帕玛森（Parmesan）奶酪调味的美食，都可用磨碎的佩科里诺奶酪来替代，将菜肴调成浓浓香味。与之不同的是，意大利还有一种新鲜奶酪——佩科里诺·里科塔（Pecorino Ricotta）奶酪，以绵羊乳的乳清为原料制成，呈乳白色，质地柔软，风味清淡，无须成熟，直接食用。

...

佩科里诺·罗马诺（Pecorino Romano）奶酪

（十六）佩罗什（Perroche）奶酪

原产地：英国赫里福德郡（Herefordshire）和西米德兰兹郡（West Midlands）

原料乳：巴氏杀菌山羊乳

类型：农家手工生产，新鲜软质奶酪，素食类奶酪

特征：重量 0.5～1kg，圆柱状或圆台状，无须成熟

　　佩罗什（Perroche）奶酪是一种手工制成的新鲜奶酪，与马尔文（Malvern）奶酪同属英国典型素食类奶酪。佩罗什奶酪是以经过巴氏杀菌的山羊乳为原料，用洋蓟（cardoon）的花蕊浆汁提取物作凝乳剂，用布袋过滤排除乳清，凝乳中加入迷迭香（rosemary，迷迭香叶）混匀，再入模成型而制成。

...

佩罗什（Perroche）奶酪

这种奶酪无表皮，呈白色，质地柔软，似奶油状，口感湿润而清爽，既有清新的柠檬味道，也有迷迭香的松木香气味，呈现浓郁特殊风味。在 2~6℃ 冷藏条件下，佩罗什奶酪的保质期为 12d。可直接佐餐食用，或搭配果蔬做成沙拉等。菜蓟属植物凝乳剂生产羊奶酪相关内容参见本书第三章"菜蓟属植物酶与羊奶酪"部分内容。

（十七）隆卡尔（Roncal）奶酪

原产地：西班牙纳瓦拉地区（Navarra）隆卡尔山谷（Roncal），PDO 产品

原料乳：绵羊乳，不经巴氏杀菌

类型：传统农家制作或联合生产，硬质

特征：重量 2kg，呈轮状，成熟期 4 个月

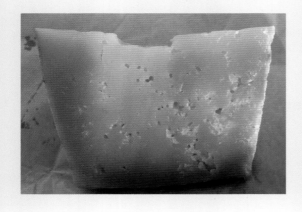

...

隆卡尔（Roncal）奶酪

西班牙的纳瓦拉（Navarra）山地靠近法国边境，草场广袤丰盛。该地的隆卡尔（Roncal）山谷的农户制作奶酪已有几百年的历史，代代相传，奶酪名称也自然取自地名。隆卡尔（Roncal）奶酪是以当地绵羊乳为原料，不经巴氏杀菌，属于一种传统的硬质奶酪。天然硬质外皮上面有一层平滑的青灰色霉菌，外皮上有时涂橄榄油，质地坚硬而有弹性，呈油脂感，肉眼可见细小颗粒结构，分布一些不规则小孔。

春季至秋季，当地成群的绵羊放牧于高原上，采食鲜美青草、野花和草药，所产绵羊乳有别致的清新香气与浓郁风味，使得隆卡尔奶酪富有一种奇妙的甜润口感和坚果般的香味气息。随着成熟时间的延伸，奶酪外壳由浅褐色变成灰色，内部由浅棕色变为琥珀色，风味也变得愈发浓郁和强烈。可直接食用，或磨碎和焙烤食用。

（十八）茹斯(Roth)奶酪

产地：美国威斯康星州（Wisconsin）门罗市（Monroe）

原料乳：巴氏杀菌山羊乳

类型：歇布（Chèvre）奶酪，新鲜，软质

特征：重量113g 或227g，成熟期几天至几个月

位于美国威斯康星州（Wisconsin)的美国艾美茹斯（Emmi Roth）公司隶属瑞士乳品企业艾美集团（Emmi Group）。公司立足欧洲传统制作工艺，利用威州地域优势和优质奶源，开发生产各种山羊奶酪和牛乳奶酪，经典手

工 Roth 牌奶酪，以其芬芳浓郁的奶香、绵软润滑的质地，获得 200 多项奶酪大赛殊荣，系北美极具瑞士风味特色的代表性奶酪产品。

茹斯（Roth）原味山羊奶酪味道鲜美，口感细腻，风味浓郁，具有纯正的口感与典型的软质结构。吃法多样，既可以与无花果、番茄、葡萄等水果搭配成沙拉，涂抹面片夹菜制成早点，也可配上火腿与香槟酒当作开胃小酌，还衍生出了风味山羊奶酪系列产品。无论是开胃小菜、三明治，还是墨西哥料理、意式面，总有一种 Roth 山羊奶酪助您彰显厨艺。此外，还有青纹奶酪、有机奶酪、休闲零食奶酪等众多山羊奶酪。

……

茹斯（Roth）奶酪

（十九）特龙琼（Tronchon）奶酪

原产地：西班牙亚拉冈（Aragon）

原料乳：山羊乳和绵羊乳

类型：传统农家生产或联合制作，半硬质

特征：重量0.6~1.5kg，圆形扣碗状，顶部和底部的中间有小坑

特龙琼（Tronchon）奶酪，源自西班牙东北部山区的一个村庄。当地牧民们总是习惯把成群的绵羊与山羊混在一起放牧，挤奶时，绵羊乳和山羊乳也混在一起收集，因此，就用这种混合乳制作本地的特龙琼奶酪。这一放牧习惯和奶酪制法代代相传，流传至今。

特龙琼奶酪没有外皮，形状像一个圆形的扣碗，顶部有一个标志性的小窝窝，整体酷似一座小火山，这种独特外形缘于成型过程所用的碗形模具。所用原料乳既有采用巴氏杀菌的，也有不经巴氏杀菌的。质地呈半软质，有许多微小孔眼，颜色多为洁白或乳白，口感滑润，入口即化似奶油，滋味温和，乳香宜人。西班牙人非常喜欢这种奶酪，可直接食用，或作小吃和焙烤用，或与绿橄榄、红葡萄酒搭配成休闲拼盘。

...

特龙琼（Tronchon）奶酪

（二十）瓦朗赛（Valencay）奶酪

原产地：法国贝里（Berry），PDO、AOC 产品
原料乳：山羊乳，不经巴氏杀菌
类型：传统农家制作，新鲜，从软质到坚实
特征：重量 200～250g，金字塔形（四棱锥台形），成熟期 4～5 周

　　产自法国的传统瓦朗赛（Valencay）奶酪受到欧盟 PDO、法国 AOC 保护。该奶酪外观就像一个微型的金字塔。入模时，是将排掉乳清的凝乳块装入倒扣的四棱锥台形模具内进行压榨和成型，然后倒扣模具，将成型的凝乳

...

瓦朗赛（Valencay）奶酪

块脱模并经晾干处置，在奶酪表面喷洒青霉菌液后，覆盖一层木炭粉末与盐粉的混合物，再置于相对湿度为 80% 的成熟间进行老化成熟。瓦朗赛奶酪既可用农家传统手法制作，也可在乳品厂进行工业化生产。成熟 3 周时，奶酪表面长满一层青霉菌，具有山羊奶酪浓郁的滋（气）味，酸香清爽，质地细腻。既可直接食用，也可配成沙拉，或与面包、水果一起享用。

（二十一）辛诺托（Xynotyro）奶酪

原产地：希腊

原料乳：绵羊乳或山羊乳的乳清，不经巴氏杀菌

类型：传统农家制作，硬质，乳清奶酪

特征：重量与形状多样，表面有条形芦苇痕迹

...

辛诺托（Xynotyro）奶酪

希腊语"Xynotyro"是"酸奶酪"的意思。与历史悠久的米齐特拉（Mizithra）奶酪不同，辛诺托（Xynotyro）奶酪以绵羊乳清与山羊乳清两者的混合物为原料，不添加羊乳，可谓纯乳清奶酪，而且对凝乳块进行乳清（主要是水分）排除时，不用布袋过滤方法，而是用芦苇密实编制的篮筐，因此，水分排出程度较大，奶酪表面留有清晰的芦苇印迹。辛诺托奶酪虽然没有外壳，但质地很硬且易碎，甜甜的焦糖味伴有乳清特有酸香味，呈典型的酸甜口味。产品大小不同，形状不一，干物质基础脂肪（FDM）含量为20%，属于低盐低脂奶酪。

参考文献

郭本恒，刘振民，2015.干酪科学与技术 [M].北京：中国轻工业出版社.

国家畜禽遗传资源委员会组编，2011.中国畜禽遗传资源志·羊志 [M].北京：中国农业出版社.

李胜利，王锋，2014.世界奶业发展报告 [M].北京：中国农业大学出版社.

刘成果，2013.中国奶业史 [M].北京：中国农业出版社.

骆志刚，骆承庠，1994.羊奶膻味与游离脂肪酸的关系及乳酸菌发酵对膻味影响(J).东北农业大学学报，25（92，增刊）：51-54.

玛丽·克莱尔·弗雷德里克（法），冷碧莹译，2020.不生不熟：发酵食物的文明史 [M].北京：生活·读书·新知三联书店.

农业农村部畜牧兽医局，全国畜牧总站，2018.动动奶酪又何妨 [M].北京：中国农业出版社.

农业农村部奶业管理办公室，全国畜牧总站，2017.奶业科普百问 [M].北京：中国农业出版社.

日本文艺社，2009.干酪品鉴大全 [M].崔柳，译.沈阳：辽宁科学技术出版社

舒国伟，陈合，吕嘉枥等，2008.绵羊奶和山羊奶理化性质的比较 [J].食品工业科技（11）：280-284.

王加启，等，2019.奶与奶制品化学及生物化学[M].北京：中国农业科学技术出版社.

张书义，2020.奶业质量管控理论与实践 [M].北京：中国农业出版社.

张和平，张列兵，2005.现代乳品工业手册 [M].北京：中国轻工业出版社.

赵胜娟，陈树兴，张富新，2005.羔羊皱胃酶提取工艺研究 [J].河南农业科学（5）：75-77.

Judy Ridgway,2001.干酪鉴赏手册 [M].上海：上海科学技术出版社.

Y.W.帕克（Young W.Park），G.F.W.亨莱因（George F.W.Haenlein），2010.特种乳技术手册 [M].陈合，舒国伟，主译.北京：化学工业出版社.

附录

附录一
奶酪名称对照

附表 1-1 奶酪名称对照

外文名称（原产地国家）	中文名称（原产地保护状态）
Anari（塞浦路斯）	阿纳里奶酪
Anda（中国）	鞍达奶酪（黑龙江省食品工业协会保护产品）
Anthotiro（希腊）	安托蒂罗奶酪
Banon（法国）	巴侬奶酪（AOC产品）
Banon Chèvre（法国）	巴浓·歇布奶酪
Beyaz Peynir（土耳其）	白奶酪
Brie（法国）	布里奶酪（AOC产品）
Cabrales（西班牙）	伯瑞勒斯奶酪（PDO产品）
Camembert（法国）	卡门贝尔奶酪（AOC、PDO产品）
Canestrato Pugliese（意大利）	卡内斯特拉多·普列亚斯奶酪（DOP产品）
Castelo Branco（葡萄牙）	布朗库堡奶酪（PDO产品）
Casciotta d'Urbino（意大利）	卡西奥塔·乌比诺奶酪（DOP产品）
Chabichou（法国）	沙比舒奶酪
Chabichou du Poiton（法国）	沙比舒·德·普瓦图奶酪（PDO、AOC产品）
Cheddar（英国）	切达奶酪
Chèvre（法国）	歇布奶酪（或契福瑞奶酪）

外文名称（原产地国家）	中文名称（原产地保护状态）
Crottin de Chèvre（法国）	克劳汀·德·歇布奶酪（PDO、AOC产品）
Dried Mizythra（希腊）	干制米齐特拉奶酪
Emmentaler（瑞士）	埃门塔尔奶酪
Feta（希腊）	菲达奶酪（PDO产品）
Fiore Sardo（意大利撒丁岛）	费欧洛·沙多（Fiore Sardo）奶酪（DOP产品）
Flor de Guía（西班牙）	全花汁圭亚奶酪（PDO产品）
Fontina（意大利）	芳提娜奶酪（DOP产品）
Fromage Corse（法国）	科西嘉奶酪（PDO、AOC产品）
Formaggella Luinese（意大利）	福马盖拉·路易尼斯奶酪（DOP产品）
Gammalost（挪威）	伽马罗斯特奶酪
Galicia（西班牙）	加利西亚奶酪（DOP产品）
Geitost（Norway Mysost）（挪威）	杰托斯奶酪（挪威乳清奶酪）
Gouda（荷兰）	哥达奶酪
Gran Canaria（西班牙）	大加那利岛奶酪
Graviera（希腊）	格拉维拉奶酪（PDO产品）
Guía（西班牙）	圭亚奶酪（PDO产品）
Halloumi（塞浦路斯）	哈罗米奶酪（PDO产品）
Kaseri（希腊）	卡赛里奶酪（PDO产品）
Kefalotiri（希腊）	凯发罗特里奶酪（PDO产品）
La Gomera（西班牙）	戈梅拉岛奶酪
La Serena（西班牙）	拉塞雷纳奶酪（PDO产品）
Majorero（西班牙）	马约罗奶酪（PDO产品）
Malvern（英国）	马尔文奶酪
Manchego（西班牙）	曼彻格奶酪（PDO产品）
Manouri（希腊）	曼努里奶酪（DOP产品）
Media Flor de Guía（西班牙）	半花汁圭亚奶酪（PDO产品）
Mestiço de Tolosa（葡萄牙）	托洛萨奶酪（IPG产品）

外文名称（原产地国家）	中文名称（原产地保护状态）
Mihalic Peynir（土耳其）	米哈利克奶酪
Mizithra（希腊）	米齐特拉奶酪
Monterey Jack（美国）	蒙特里杰克奶酪
Mozzarella（意大利）	马苏里拉奶酪
Murazzano（意大利）	穆拉扎诺奶酪（DOP产品）
Ossau Iraty（法国）	奥绍·伊拉蒂奶酪（PDO、AOC产品）
Parmesan（意大利）	帕马森奶酪（DOP产品）
Palmero（西班牙）	帕尔梅罗奶酪（PDO产品）
Pecorino（意大利）	佩科里诺奶酪
Pecorino Ricotta（意大利）	佩科里诺·里科塔奶酪（DOP产品）
Pecorino Romano（意大利）	佩科里诺·罗马诺奶酪（DOP产品）
Pecorino Sardo（意大利）	佩科里诺·沙多奶酪（DOP产品）
Pecorino Siciliano（意大利）	佩科里诺·西西里诺奶酪（DOP产品）
Pecorino Toscano（意大利）	佩科里诺·托斯卡诺奶酪（DOP产品）
Perroche（英国）	佩罗什奶酪
Polderkaas（荷兰）	博得奶酪
Processed cheese（全球）	再制奶酪
Provolone（意大利）	波萝伏洛奶酪
Queijo de Azeitão（葡萄牙）	阿泽陶奶酪（PDO产品）
Queijo de Évora（葡萄牙）	埃武拉奶酪（PDO产品）
Queijo de Nisa（葡萄牙）	尼萨奶酪（PDO产品）
Queijo de Rabaçal（葡萄牙）	拉巴萨尔奶酪
Queijo de Serpa（葡萄牙）	塞尔帕奶酪（PDO产品）
Requeijão Português（葡萄牙）	葡萄牙乳清奶酪
Ricotta（意大利）	里科塔奶酪
Ricotta Romano（意大利）	里科塔·罗马诺奶酪（DOP产品）
Roncal（西班牙）	隆卡尔奶酪（PDO产品）

外文名称（原产地国家）	中文名称（原产地保护状态）
Roquefort（法国）	洛克福奶酪（PDO、AOC产品）
Roth（美国）	茹斯奶酪
Sainte Maure（法国）	圣莫尔都兰奶酪
Saint Marcellin（法国）	圣马瑟林奶酪
Serra da Estrela（葡萄牙）	埃斯特拉雷山奶酪（PDO产品）
Sour Mizithra（希腊）	酸味米齐特拉奶酪
Terrincho（葡萄牙）	特林乔奶酪
Torta del Casar（西班牙）	卡萨尔奶酪（PDO产品）
Tronchon（西班牙）	特龙琼奶酪
Valdeon（西班牙）	巴尔德翁奶酪（PDO产品）
Valencay（法国）	瓦朗赛奶酪（PDO、AOC产品）
Whey cheese（全球）	乳清奶酪
Xynotyro（希腊）	辛诺托奶酪

注：各国奶酪原产地和地理保护状态不断更新变化，仅供参考。

...

意大利福马盖拉·路易尼斯
（Formaggella Luinese）奶酪

奶酪生产中常用酸度测定方法及换算

　　酸度测定是奶酪生产中重要管控技术手段之一。在生产一线，各个国家所用的测定酸度原理基本相同，都是采用酸碱中和滴定法，即以一定浓度的氢氧化钠溶液中和样品中的乳酸，以酚酞为指示剂，通过所消耗的氢氧化钠溶液数量来确定酸度，不同之处主要是氢氧化钠溶液浓度与取样量及稀释倍数不一。

一、滴定酸度测定方法

　　（1）吉尔涅尔度（°T）　　中国、俄罗斯、瑞典等采用吉尔涅尔度（Thorner），表示符号为°T。中和100mL乳所用0.100 0mol/L氢氧化钠标准溶液的体积（mL）为1°T。测定方法是取10mL乳用20mL蒸馏水稀释，加0.5mL的0.5%酒精酚酞指示剂，以0.100 0mol/L氢氧化钠溶液滴定至终点，所消耗氢氧化钠的体积（mL）乘以10即乳的酸度（°T）。参见《食品安全国家标准　乳和乳制品酸度的测定》（GB 5413.34）。

　　（2）苏克斯列特·格恩克尔度（°SH）　　德国等部分欧洲国家使用苏克斯列特·格恩克尔度（Soxhie Henkle），表达符号为°SH。测定方法是取50mL乳，不稀释，加2mL2%酒精酚酞指示剂，用1/9mol/L氢氧化钠溶液滴定至终点，计算每中和100mL乳所需1/9mol/L氢氧化钠体积（mL），即乳的酸度（°SH）。

　　（3）道尔尼克度（°D）　　法国、丹麦等采用道尔尼克度（Dornic）表示酸度，符号为°D。测定方法是取10mL乳，不稀释，加1滴1%酒精酚酞指示剂，用1/9mol/L氢氧化钠溶液滴定至终点，其氢氧化钠体积（mL）的1/10为1°D。

　　（4）乳酸百分率　　美国、日本及大洋洲国家使用乳酸百分率表示酸度

（乳酸%）。取10mL乳用蒸馏水按2∶1稀释，加2mL1%酒精酚酞指示剂，用0.100 0mol/L氢氧化钠溶液滴定至终点。不同的是美国用9g乳代替10mL。按下式计算乳酸百分率：

乳酸百分率（%）=[0.1000mol/L 氢氧化钠溶液体积（mL）×0.009] / [（10mL×乳密度）]×100%

二、不同酸度测定值的换算

技术人员在参阅不同国家羊奶酪相关生产技术资料时，常遇到不同单位表达的酸度值。因此，有必要掌握不同滴定酸度测定值之间的相互换算方法，随时折算成我国的滴定酸度表达值（°T），方便比对。四种滴定酸度测定值对应换算排列关系见附表2-1。

附表2-1 滴定酸度测定值相互对应换算关系

德国等部分欧洲国家	中国、俄罗斯、瑞典等	法国、丹麦等	美国、日本及大洋洲国家
°SH	°T	°D	乳酸（%）
1	2.5	2.25	0.022 5
0.4	1	0.9	0.009
4/9	10/9	1	0.01

换算举例：按表中的数值对应关系，当羊乳清的滴定酸度为乳酸0.16%时，折合我国的滴定酸度值为 0.16/0.009 ≈ 17.8°T；折合德国的酸度值为 0.16/0.0225 ≈ 7.1°SH；折合法国的酸度值为 0.16/0.01=16°D。

附录三
食盐溶液比重、波美度、浓度及密度对照

附表 3-1 食盐水的比重、波美度、浓度及密度对照

比重 (20℃)	波美度 (°Bé)	浓度 (%)	密度 (NaCl,g,每 100mL中)	比重 (20℃)	波美度 (°Bé)	浓度 (%)	密度 (NaCl,g,每 100mL中)
1.007 8	1.12	1	1.01	1.112 1	14.60	15	16.60
1.016 3	2.27	2	2.03	1.119 2	15.42	16	17.90
1.022 8	3.24	3	3.06	1.127 2	16.35	17	19.10
1.029 9	4.22	4	4.10	1.135 3	17.27	18	20.40
1.036 9	5.16	5	5.17	1.143 1	18.14	19	21.70
1.043 9	6.10	6	6.25	1.151 2	19.03	20	23.00
1.051 9	7.16	7	7.34	1.159 2	19.89	21	24.30
1.058 9	8.07	8	8.45	1.167 2	20.75	22	25.60
1.066 1	8.98	9	9.56	1.175 2	21.60	23	27.00
1.074 4	10.00	10	10.71	1.183 4	22.45	24	28.40
1.081 1	10.88	11	11.80	1.192 3	23.37	25	29.70
1.089 2	11.87	12	13.00	1.200 4	24.18	26	31.10
1.096 0	12.69	13	14.20	1.203 3	24.48	26.4	31.80
1.104 2	13.66	14	15.40				

附录四
历史资料

　　当今世界奶酪生产技术取得了突飞猛进的发展。本部分的羊奶酪历史材料笔者珍藏多年，时隔近半个世纪，其中的某些技术方法和表述已显陈旧，但作为宝贵的羊奶酪技术史料，我们宁愿保持材料的原貌，真实反映那个年代的研究认知状态，既是前人付出的有力见证，也是发展历程的凿凿印迹。作为本书附加内容，借助中国农业出版社数字出版平台，以二维码链接形式将两份材料完整呈现给业内，以飨读者。

1980 年中国羊奶酪试制工作报告

1985 年中国农牧渔业部邀请
FAO 羊奶酪专家讲座材料

张书义 供稿　　**田蕊** 扫描

致谢

Acknowledgement

以下机构和人员对本书编写过程给予大力支持，提供了精美图片，在此致以最诚挚的谢意！

We would like to extend our sincere thanks to the following organizations and individuals for their great support and excellent photographs in the preparation of this book.

卢恰诺·穆奇（Luciano Mucci，意大利 MilkyLAB S.r.l.）

陈　怡（北京多爱特生物科技有限公司）

黄冬昕（Danson Huang，Royal Canin SAS，皇家宠物食品）

李梦阳（Mengyang Li，Universitat Autònoma de Barcelona，西班牙巴塞罗那自治大学）

卡罗琳·布雷迪（Carolyn J.Brady，美国威斯康星州大学雷河分校）

温迪·斯多克（Wendy Stocker，美国威斯康星大学雷河分校）

陆瑗（Jennifer Lu，美国威斯康星州农业贸易和消费者保护厅）

克里斯·科茨（Chris Kohtz，美国威斯康星州埃尔斯沃）

刘航宇（Cynthia Liu，Orange Cheese Company，USA）

阿曼达·卡特尔（Amanda Cocheo，Emmi Roth Inc.，USA）

丁天云雨（上海吉酪坊食品有限公司）

程国伟（山东正实裕食品有限公司）

尚广辉 [Ricky Shang，瑞酷国际贸易（上海）有限公司]

牟善波（宜品乳业集团有限公司）

华金·加里多·马丁（Joaquín Garrido Martin，QUESERÍAS PRADO SL，西班牙普拉多奶酪厂）

路易斯·费奥（Luis feo，Central lechera del Cantábrico，西班牙坎塔

布里亚乳品厂）

海拉·赫斯比（Helle Huseby，挪威 TINE 乳品公司）

朱蒂斯·布莱恩斯（Dr.Judith Bryans,Dairy UK，英国乳品协会）

文森佐·博泽蒂（Vincenzo Bozzetti，意大利）

吉安·玛丽亚·瓦拉尼尼（Gian Maria Varanini，意大利博尔扎诺自由大学）

马可·戈贝蒂（Marco Gobbetti，意大利博尔扎诺自由大学）

帕特里克·福克斯（Patrick Fox，爱尔兰科克大学）

埃拉斯莫·内维亚尼（Erasmo Neviani，意大利帕尔玛大学）

玛丽亚·桑切斯·梅纳尔（María Sánchez Mainar,IDF，国际乳品联合会）

伊尔瓦·佩尔松（Ylva Persson，瑞典国家兽医学院）

皮埃尔·盖·马内（Pierre-Guy Marnet，法国雷恩农学院）

维罗尼克·皮莱特（Veronique PILET，法国萨维西亚集团）

胡安·卡波特（Juan Capote，西班牙 Canario 农业研究所）

曾寿山（Steve Zeng,Langston University Oklahoma，美国俄克拉荷马州兰斯顿大学）

皮特·比曼（Piet Bijman,Friesland,Holland，荷兰弗里斯兰省）

杨冬梅（楊冬梅，横浜国際オークション）

吴华（Jennifer Wu,加拿大多伦多）

王丽珍（陕西红星美羚乳业股份有限公司）

邹曌（陕西和氏乳业集团有限公司）

王德纯［国际香料（中国）有限公司］

包文忠［丹尼斯克（中国）有限公司］

王贵芳［帝斯曼（中国）有限公司］

王承志［诺维信（中国）投资有限公司］

孙　卓（北京银河路经贸有限公司）

艾兴文（腾冲市艾爱摩拉牛乳业有限责任公司）

周自兵（北京华澳永盛商贸有限责任公司）

董和银（泰安意美特机械有限公司）

卢光（黑龙江飞鹤乳业有限公司）

宗学醒（蒙牛乳业集团股份有限公司）

陕西省农业农村厅

河南省农业农村厅

黑龙江省农业农村厅

中国乳制品工业协会

中国奶业协会

西北农林科技大学动物科技学院

东北农业大学食品学院

中国国家乳业工程技术研究中心

国际乳品联合会中国国家委员会（The Chinese National Committee of IDF）

国际乳品联合会（IDF，International Dairy Federation）

意大利国家奶酪评鉴组织（ONAF，Organizzazione Nazionale Assaggiatori Formaggio）

西班牙乳品工业联合会（FENIL-Spanish Dairy Industries Federation，www.fenil.org）

国际山羊协会（The International Goat Association）

意大利克莱里奇公司（Caglificio Clerici S.p.A.）

卡西奥塔·乌比诺奶酪原产地（DOP）保护协会（Consorzio Tutela Casciotta d'Urbino DOP）

费欧洛·沙多奶酪原产地（DOP）保护协会（Consorzio per la Tutela del Formaggio Fiore Sardo DOP）

福马盖拉·路易尼斯奶酪原产地（DOP）保护协会（Consorzio per la Tutela della Formaggella del Luinese DOP）

穆拉扎诺奶酪原产地（DOP）保护协会（Consorzio per la Tutela del Formaggio Murazzano DOP）

佩科里诺·罗马诺奶酪原产地（DOP）保护协会（Consorzio per la Tutela del Formaggio Pecorino Romano DOP）

佩科里诺·沙多奶酪原产地（DOP）保护协会（Consorzio per la Tutela del Tormaggio Pecorino Sardo DOP）

佩科里诺·西西里诺奶酪原产地（DOP）新兴保护组织（Nuovo Consorzio di Tutela del Pecorino Siciliano DOP）

佩科里诺·托斯卡诺奶酪原产地（DOP）保护协会（Consorzio Tutela Pecorino Toscano DOP）

里科塔·罗马诺奶酪原产地（DOP）保护协会（Consorzio di Tutela Ricotta Romana DOP）

美国艾美茹斯股份有限公司（Emmi Roth Inc.,USA）

云南省畜牧兽医科学院

北京三元食品股份有限公司

光明乳业股份有限公司

山东君君乳酪有限公司

《中国奶牛》杂志社

《中国乳业》杂志社

《乳业时报》杂志社

《荷斯坦》杂志社

...

西班牙加利西亚（Galicia）
奶酪

后记

　　适逢本书出版之际，总感觉有许多话要向读者说。致力于安全营养健康，是每一个负责任的奶业人念念不忘的初心。如何更好地发展中国羊奶业，切实做出有特色的高质量羊奶产品，是几代奶业人的共同夙愿。20世纪七八十年代，农业部、轻工业部、商业部联合推动羊奶业发展，开发利用山羊乳资源，开启了一个我国羊奶业发展的鼎盛时期。西北农学院刘荫武教授与东北农学院骆承庠教授共同负责全国羊奶业科技协作，在繁育良种奶山羊、提高羊乳产量、试制山羊奶酪等方面砥砺探索。可以说，老一辈奶业人为此做出了不懈努力。传承前辈精神，赓续完成未竟之事，我们责无旁贷，这正是编写本书的初衷。

　　奶酪制造起步于手工奶酪，羊奶酪最具代表性。至今，全球奶酪行业交流仅局限于学术研究，很少涉足核心生产技术。近几年，国内几个羊奶主产省的主管部门多次表示希望我们编写羊奶酪技术指导书，公开揭秘羊奶酪制造实用技术，打破技术壁垒。因此，服务行业需求，做好技术支撑，推广羊奶酪生产技术，从生产端和消费端同时发力，推动国产羊奶酪发展，加快羊乳制品结构调整，丰富产品种类，满足消费者高品质、多样化乳制品消费需求，引导中国羊奶业走特色化、差异化发展道路，成为本书的根本宗旨。

　　全书以羊奶酪加工技术为重点，充分结合我国国情，注重生产实践应用。一方面，精选适宜在我国推广借鉴的国外生产技术和产品，尽力做到内容丰富覆盖面广；另一方面，相当多的羊奶酪技术要点和工艺描述，特别侧重适宜国内家庭牧场采用，指导手工羊奶酪生产简单易行，促进奶农发展特色奶业与特色乳制品，为建立中国小农奶业经济模式奠定技术基础。从这点看，本书非常适宜作为奶农发展乳制品加工项目技术培训教材。

本书编写用时一年。其中，第三至五章用时半年之多，是全书的核心章节和最大亮点。一是首次向国内业界揭示国外菜蓟属植物酶制作羊奶酪的核心生产技术；二是详细介绍用羊奶酪副产品羊乳清来生产奶酪的工艺方法；三是对国内羊奶酪研发提出了建议。数往知来，温故知新。书后专门以二维码链接形式附加"1980年中国羊奶酪试制工作报告""1985年中国农牧渔业部邀请FAO羊奶酪专家讲座材料"等。这些鲜为人知的珍贵原版技术史料乃首次披露，既是告慰前人曾经的辛勤付出，也是继往开来，供后人借鉴研究。

《羊奶酪生产与鉴赏》是奉献给中国羊奶业的一部拓荒补白之作。笔者昼夜伏案，殚精竭虑，笔耕不辍，成稿20余万字；国内外50多个单位组织机构和40余位个人为本书提供200多张图片，参与人既有奶业知名学者，也有海外青年学梓，在此不一一具名。封面的确定，更显创作人员和责任编辑的用心用情，先后设计10余个风格迥异的精致封面，共有百余人踊跃参与投票。大家同心戮力，终成此书。然而，这一切似乎仍然表达不尽全体编者对发展中国羊奶酪的美好期许和深深的奶业情怀。

我们深知发展国产羊奶酪需要一代甚至几代人的努力耕耘，一本书尚不足以撬动国产羊奶酪大发展，但至少是我们这代奶业人扎扎实实迈出的一步。希望本书能对中国羊奶业发展有所裨益，为实现中国奶业高质量发展尽一份绵薄之力。

2021年10月13日于北京麦子店

...

意大利霉菌型卡内斯特拉多·普列亚斯
（Canestrato Pugliese）奶酪